U0251007

"十二五"国家重点出版物出版规划项目

空/间/科/学/发/展/与/展/望/丛/书

丛书主编 胡文瑞

遨游天宫

载人航天器

AOYOU TIANGONG
ZAIREN HANGTIANQI

李颐黎◎著

陕西新华出版传媒集团

陕西人民教育出版社

·西 安·

图书在版编目（CIP）数据

遨游天宫：载人航天器 / 李颐黎著. —— 西安：陕
西人民教育出版社, 2015.12
（空间科学发展与展望 / 胡文瑞主编）
ISBN 978-7-5450-3455-4

Ⅰ.①遨… Ⅱ.①李… Ⅲ.①载人航天器–普及读物
Ⅳ.①V476.2-49

中国版本图书馆 CIP 数据核字(2014)第 291881 号

遨游天宫

载 人 航 天 器

李颐黎　著

出版发行	陕西新华出版传媒集团 陕西人民教育出版社
地　　址	西安市丈八五路 58 号
邮　　编	710077
责任编辑	姜　莹　袁　荣
责任校对	张亦偶
装帧设计	沈　斌　陈晓静
经　　销	各地新华书店
印　　刷	中煤地西安地图制印有限公司
开　　本	787 mm×1092 mm　1/16
印　　张	20.5
字　　数	410 千字
版　　次	2016 年 5 月第 1 版
印　　次	2016 年 5 月第 1 次印刷
书　　号	ISBN 978-7-5450-3455-4
定　　价	50.00 元

人类文明的发展速度极大地取决于科学和技术的创新水平。1957年10月4日，苏联成功地发射了世界上第一颗人造地球卫星，这意味着人类进入了太空时代。1961年4月12日，苏联航天员加加林乘东方1号飞船第一次遨游近地太空并安全返回地面，标志着人类进入了载人航天时代。1969年阿姆斯特朗、柯林斯和奥尔德林三名美国航天员乘坐阿波罗11号飞船成功登上月球并安全返回地球，开启了人类探索地球以外天体的篇章。20世纪70年代以来，人类的空间探索活动高潮迭起，每个高潮都成为大国综合实力的表征和突显大国空间竞争优势的丰碑。时至今日，人们已研发了6 000多颗卫星和其他航天器，其中包括各种类型的空间科学卫星。俄、美、中等国分别研发了多种常规的飞船，美国研制了航天飞机，它们不仅是常规的天地往返运输器，而且为进一步深空探测奠定了技术基础。苏联建造和运营了舱段式的礼炮号空间站系列及和平号空间站，美、俄、日、加等国和欧洲空间局合作建成的有足球场大小的桁架式大型国际空间站将运营到2024年，以后，中国自主发展的空间站

1

将独遨太空。空间站是太空中长时间有人操作的微重力研究实验室，可以进行地面上难以开展的微重力实验。目前，各国准备于21世纪30年代实现载人探索火星，在此期间还会进行一些载人登月活动。人类的空间探索以先进的空间技术为基础，以发展空间科学和空间应用为目的。近60年的飞速发展，人类的空间活动极大地促进了地球文明，也开拓了太空文明。

在已经发射的6 000多颗科学卫星和载人或无人的空间科学飞行器中，主要涉及空间天文、空间物理、空间地球科学、空间生命科学和微重力科学的研究。卫星工程不仅是高技术的综合系统工程，而且耗资巨大。根据卫星质量的大小，人们常将质量在1吨以下、1吨~3吨和3吨以上的卫星分别称为小型卫星、中型卫星和大型卫星，科学卫星大多是中、小型卫星。21世纪以来，一些大型科学卫星平台陆续升空和筹建，诸如正接近尾声的哈勃空间望远镜和正在筹建的詹姆斯·韦伯空间望远镜等。而载人登月计划、空间站计划和载人登火星计划都需耗资百亿至千亿美元。各国政府斥巨资发展空间科学取得了丰厚的回报，极大地拓展了我们对宇宙的认识，极大地丰富了自然科学的内涵，同时也极大地促进了空间应用和空间技术的发展。作为一个发展中国家，中国的空间活动理应以空间应用为主。中国政府责成中国科学院负责我国的空间科学活动，"十二五"期间组织实施了空间X射线调制望远镜卫星、量子通信卫星、暗物质探测卫星和返回式微重力科学实验卫星计划，这些科学卫星将在不远的将来择时发射。中国科学院也正在计划和安排中国空间站上的空间科学试验以及无人的月球和火星的科学探测计划。随着我国经济实力的提高，中国科学家正在对空间科学的发展做出越来越重大的贡献。

每当我们在地面仰望星空，看着满天繁星闪烁，总会思索浩瀚宇宙的来龙去脉，惊叹宇宙构造之神奇。中国古代对天象的长期观测，记录了诸如太阳黑子分布、超新星爆发等许多天文现象，为天文学做出了难以磨灭的贡献。1609年，伽利略研制出首台地面光学望远镜，光学望远镜极大地扩展了人们的视野，可以在可见光波段更清楚地观察到更遥远的天体。受制于地球大气层对许多波段的吸收，在地面上，人们只能观测到从太空辐射来的射电、可见光和几个波长上的红外光，其他位于可见光和射电波段之间和比可见光更短波段的大量太空辐射都不能在地面上被观测到。在地球大气层外可以获得宇宙全波段的辐射信息，太空中的卫星观测开创了空间天文学的新时代，它包括亚毫米波天文学、紫外天文学、红外天文学、X射线天文学、γ射线天文学等新的领域。如果能成功地探测到引力波，将意味着开辟崭新的引力波天文学。在太空进行可见光观测可以避免地球大气层中气体抖动的影响，获得比地面更清晰的图像；空间的全波段天文观测揭示了宇宙天体在各个波段表现出的复杂天象。它为天文学谱写了崭新的篇章，也提出了许多有待进一步探索的科学前沿问题。

空间物理学极大地受益于太空中的卫星测量结果，使人们对太阳、行星以及行星际空间的认识发生了质的飞跃。在卫星上天的初始时期，苏联、美国的科学家都发现在近地空间中、低纬度外太空中测量的电子浓度极高，突破了仪表的限度值。美国科学家范艾伦将此解释为存在地球辐射带，并被称为范艾伦辐射带。苏联的卫星先于美国发现了同样的现象，但未能很好地解释。众多的卫星测量数据揭示了太阳和太阳系的结构和变化。观测发现，太阳大气层从光球层向外至色球层和日冕的大气温度急剧升高，太阳的大尺度磁场在日面按经度方向形成四瓣形极性交叉区域并延伸成扇形结构，太阳耀斑的能源来自于太阳外层大气中磁场的磁能释放，太阳大气的等离子体加速成向外流动的太阳风与太阳磁场一起延伸到行星际空间，并最后在日球层的边界与恒星际空间相连接，太阳风和行星际磁场绕过行星时形成行星的磁层并控制着行星的环境。空间物理卫星不仅要探测日球层中各个特定区域的特征和变化，而且特别强调研究相同时间内太阳系不同区域之间活动和变化的相互关联，这就需要一组卫星进行相关的联合测量。所以，国际同行不断地在组织一些国际的空间物理联合观测计划。尽管空间物理的内容非常丰富，它又和太阳物理的研究密切相关，但空间物理的两个重点内容十分明确。一个是日地关系，即研究太阳的能量、动量和质量如何通过行星际空间、地球磁层、电离层、大气层向地球表面传输和对地球环境产生影响。另一个是行星科学，即研究行星及其卫星、行星环境的特征和变化，其中还特别关注行星上的生命现象，诸如探测火星生命现象和探索土卫-2上可能的生命等。

人们一直非常注意发展观测地球过程的卫星系列，诸如气象卫星、陆地资源卫星、海洋卫星系列等，以了解和研究具体的地球天气、地球资源和海洋变化过程。20世纪80年代以来，许多空间地球科学家提倡和推动全球变化的研究，它是不专注于地球局部区域或单一过程的研究，而是把地球看作一个行星整体，研究地球陆地圈、岩石圈、水圈、冰雪圈、大气圈和生物圈等特定圈层之间的相互关联，研究地球作为一个行星的整体行为。这类研究领域就叫作空间地球科学，它主要利用卫星遥感技术进行观测，研究不同时间尺度中地球大系统的变化规律，也称为地球系统科学。空间地球科学不仅是一门新兴的前沿科学，是科学家关心的领域，而且它还涉及严峻的政治问题，是各国政府和首脑十分关心的问题。工业发展和生活改善需要大量能源，目前人类使用的能源大部分是不可再生的化石能源。化石能源燃烧后产生大量的二氧化碳等温室气体，这些温室气体滞留在大气中包裹着地球。从地球表面反射太阳红外辐射的能量被大气中的温室气体层又反射回地面，由此造成的温室效应使全球升温。温室效应已经造成地球北极圈和南极圈面积减小、冰雪融化、海平面升高等诸多变化。累积的数据显示，地球大气中二氧化碳的含量确实在逐年增长。科学家们预计，如果地球表面温度增加超过2 ℃的阈值，地球环境将发生不可逆的灾难性变化。严峻的现实使一些人提出地球村的概念，希望大家紧密地联系在一起，共同关心全球环境变化。各国地球科学家正在加强对全球气候变化和全球环境变化的研究。各国政治家也都在为改善全球环境而焦虑，制定减少二氧化碳排放的政策和措施。在目前和今后相当长的一段时间内，中国的能源都是以煤为主，每年烧煤达30亿吨左右，燃烧1吨煤就排放大约2.28吨的二氧化碳，中国在今后相当长一段时间内将是二氧化碳排放量最大的国家，中国的政治家和科技专家将承担起重大的责任。

通过观测星际分子研究生命起源和用大型射电望远镜搜寻地外智能生物是空间生命科学的重要问题。同时载人航天也带动了空间医学和生理学、重力生物学、辐射生物学、空间生物技术所关联的空间生命科学，以及由微重力流体物理学、微重力燃烧、空间材料科学、空间基础物理学等构成的微重力科学的蓬勃发展。载人航天工程和相关的空间探索活动都是牵动全球关注的重大活动，研制和运营近地轨道的空间站和天地往返运输器更是经费投入巨大和技术难度非常高的任务。在近地轨道上运行的空间设施受到的地球引力与离心力抵消，处于微重力环境。在微重力环境中物体处于失重状态，地面上由重力主导的各种现象都消失了，物质不再有轻重之分，也不再受浮力作用和重力引起压力梯度的影响。在太空运行的空间站环境中，液滴不需要容器约束而自由地悬浮在空间。人们为了能在微重力环境中正常地生活和工作，必须了解和遵循微重力环境的规律，这就需要掌握和利用微重力科学和空间生命科学。另一方面，微重力环境是一类极端的物理环境，它为人们提供了地面上难以实现的研究条件，可以进行地面上难以或无法进行的实验，为发展重大的科学前沿创新研究开拓了极好的条件。人们利用空间站把在地面进行定量的物理学和生命科学的研究室搬到了太空，空间站实际上就是人们可以长时间进行有人操作的微重力实验室。国际空间站已经并还在为人类科技发展做出重大贡献。2020年建成中国空间站，2024年以后，中国空间站将独自遨游于太空，中国的科技工作者正在积极准备，将在微重力科学和空间生命科学等领域做出巨大贡献。

空间科学是发展迅速的新兴领域，不断地探索空间，不断地拓展新现象、新知识和新概念，需要人们不断地增进对它的了解。陕西人民教育出版社在"十二五"初期就筹划出版一套"空间科学发展与展望"丛书，它包括《遨游天宫——载人航天器》、《从太空看宇宙——空间天文学》、《进入太空——日地空间探测》和《从太空看地球——空间地球科学》。这套丛书的作者都是长期从事该领域研究的专家，对相关领域的内容和前沿科学有深刻的理解。十分感谢这些专家承担繁重的撰稿任务，将相关领域的精髓和发展动向深入浅出地介绍给读者。这套丛书具有很强的知识性和可读性，读者一定会从中受益。在此还要感谢陕西人民教育出版社的领导和编辑，是他们有远见的选题、辛勤的组稿和细致的编辑才使这套优秀的科普丛书成功出版。

胡文瑞

2015年1月8日

第一章
载人航天器的发展

1 航天器的概念

在地球大气层以外的宇宙空间，基本上按照天体力学的规律运行的各类飞行器称为航天器，又称为空间飞行器。

航天器分为无人航天器和载人航天器（见图1-1）。无人航天器按是否环绕地球运行分为人造地球卫星和空间探测器，按用途和飞行方式还可以进一步分类。载人航天器按飞行和工作方式分为载人飞船、空间站和航天飞机。载人飞船包括卫星式载人飞船和登月载人飞船，未来还将有行星和行星际载人飞船。

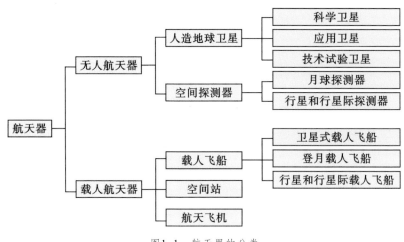

图1-1 航天器的分类

● 相关链接 ●

"航天"一词的由来

1957年10月4日，苏联发射了世界上第一颗人造地球卫星，称作"人造地球卫星1号"。当时，中国还没有"航天"一词，更没有"航天器"一词。人们把在地球大气层以外空间飞行的各类飞行器称为"空间飞行器"或"宇宙飞行器"，把空间飞行器在太空中的飞行叫作"空间飞行""星际航行"或"宇宙航行"。例如，1963年，著名科学家钱学森出版的一本专著就叫作《星际航行概论》。

20世纪60年代后期，钱学森研究了星际航行的历史现状和未来发展，他认为现阶段人类还只能在太阳系内航行，在太阳系内的航行可以称为"航天"，并可与中国已有的词语"航海""航空"相对应，将来飞出太阳系到其他恒星的航行，可以称为"航宇"。这样，中国就有了"航天"一词。"航天"一词比用"空间飞行""宇宙航行""星际航行"等更简便和准确，所以"航天"及相应的"航天器""航天员""航天飞机"等术语很快就被中国科学技术界普遍接受。

2 天地往返运输系统

天地往返运输系统是指往返于地球和空间站之间，向空间站运送人员和物资，把空间站的人员和部分物资带回地面的航天系统。目前使用的是飞船天地往返运输系统，一度也使用过航天飞机天地往返运输系统。

飞船天地往返运输系统是指卫星式飞船与其运载火箭所组成的系统。该系统是往返于地面和空间站之间的、一次性使用的载人及载货飞行器。

卫星式飞船分为卫星式载人飞船和卫星式货运飞船。前者是指绕地球轨道运行的小升阻比的载人航天器。它必须用火箭发射，在轨运行后经过制动沿弹道式或半弹道式（升阻比一般小于0.5）轨道穿过大气层，用降落伞和着陆缓冲系统实施软着陆，将航天员和少量物资带回地面。俄罗斯的联盟TMA号飞船就是卫星式载人飞船，如图1-2所示。后者是指绕地球轨道运行的不载人、只载货的航天器。它也必须用火箭发射，向空间站运送物资，在完成任务后再入大气层烧毁，或在再入大气层前分离出一个带有少量有效载荷的回收舱，用降落伞回收。

图1-2　组装好的联盟TMA号飞船
（2012年）

航天飞机天地往返运输系统是以火箭发动机为动力，具有飞机外形和着陆方式，往返于地球表面和近地轨道之间，可重复使用的载人及载货飞行器。美国的航天飞机的外形如图1-3所示。

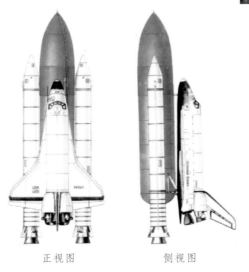

　　正视图　　　　　　侧视图

图1-3　美国的航天飞机的外形

·•相关链接•·

载人航天器的升阻比

载人航天器的升阻比是指再入大气层过程中，某一时刻作用在航天器上的升力和同一时刻作用在航天器上的阻力之比。升阻比越大，航天器调整着陆点及调整最大过载的能力越强。

3 天地往返运输系统的主要用途

天地往返运输系统的主要用途是向空间站运送人员和物资（包括食物、水、气体、推进剂、设备和维修器材等），并从空间站向地面运送人员和少量物资（包括有效载荷试验结果）。同时，空间站和航天员产生的废物也需要通过天地往返运输系统带回地面或再入大气层时烧毁。

例如，苏联的和平号空间站核心舱于1986年2月发射成功，1996年4月26日和平号空间站建成，2001年3月23日和平号空间站再入大气层烧毁，在轨运行了15年。在这15年间，共有62艘进步号（含进步M号和进步M1号）货运飞船，向空间站运送了近150 t的物资。还有1艘联盟T号飞船和30艘联盟TM号飞船共运送了79人次的航天员进驻空间站和返回地面。由此可见，天地往返运输系统是空间站不可缺少的系统。此外，1995年6月至1998年12月，美国航天飞机与俄罗斯和平号空间站交会对接（见图1-4）9次，运送了57人次的航天员。

图1-4　美国航天飞机与俄罗斯和平号空间站交会对接

美国航天飞机与俄罗斯和平号空间站交会对接的目的，除了向和平号空间站运送航天员外，更重要的是考核航天飞机与国际空间站的交会对接技术，这一试验的成功为美国航天飞机成为国际空间站的天地往返运输系统奠定了基础。

4 已经发展的三代载人飞船

从20世纪50年代起，苏联与美国互相竞争，发展载人飞船，它们的载人飞船分别经历了三代。苏联/俄罗斯载人飞船发展的三代为：第一代是载一人的东方号飞船；第二代是载三人的上升号飞船；第三代是载三人的联盟号、联盟T号、联盟TM号和联盟TMA号飞船。苏联的第一代和第二代飞船都是弹道式再入飞船，第三代飞船都是半弹道式再入飞船。

美国载人飞船发展的三代为：第一代是载一人的水星号飞船；第二代是载两人的双子星座号飞船；第三代是载三人的阿波罗号登月飞船。美国的第一代飞船是弹道式再入飞船，第二代和第三代飞船都是半弹道式再入飞船。

苏联、美国和中国载人飞船技术的发展简况如表1-1所示。

表 1-1　苏联、美国和中国载人飞船技术的发展简况

国别	载人飞船名称	发射时间	飞行次数	主要活动
苏联	东方号	1961.4—1963.6	6	考验人在空间的适应能力，编队飞行
	上升号	1964.10—1965.3	2	舱外活动
	联盟号	1967.4—1981.5	40	轨道机动、交会对接、舱外活动
美国	水星号	1961.5—1963.5	6	考验人在空间的适应能力
	双子星座号	1965.3—1966.11	10	轨道机动、交会对接、舱外活动
	阿波罗号	1968.10—1972.12	11	其中6次登月，3次绕月飞行
中国	神舟号	2003.10—2013.6	5	5次载人飞行，其中第三次含舱外活动，第四、五次含交会对接

图1-5　神舟7号飞船　　　图1-6　神舟7号返回舱安全着陆,航天英雄翟志刚自主出舱

中国的神舟1号至神舟6号飞船由轨道舱、返回舱、推进舱和附加段（即"三舱一段"）组成。最多可自主飞行7天，返回舱采用半弹道式再入。神舟2号至神舟6号飞船返回舱返回地球后，飞船轨道舱继续留轨运行，开展各种空间科学和技术实验，这是中国的首创。神舟号飞船的返回舱尺寸比联盟号飞船大，航天员乘坐更舒适。神舟号飞船的技术水平相当于国际上20世纪90年代的水平，总体性能优于苏联的第三代载人飞船（联盟TM号飞船）。

●●相关链接●●

"弹道式再入"和"半弹道式再入"

"弹道式再入"是指飞船完成在轨任务后，在进入地球大气层的过程中，返回舱只产生阻力，不产生升力或虽有升力但对升力大小和方向均不加以控制地进入地球大气层。

"半弹道式再入"是指航天器返回舱的升阻比（升力与阻力之比）不大于0.5的航天器，以通过滚动控制调整升力方向的方式进入地球大气层。

弹道式再入航天器的优点是技术比较简单，缺点是返回舱着陆点控制精度差，再入过载大。半弹道式再入航天器的优点是返回舱着陆点控制精度高，再入过载小，缺点是技术比较复杂。

5 航天飞机的发展

航天飞机是以火箭发动机为动力，具有飞机外形和着陆方式，往返于地球表面和近地轨道之间，可重复使用的载人及载货飞行器。美国航天飞机的发射状态如图1-7所示。航天飞机可乘七名航天员，其中三名为机组人员（机长、驾驶员、任务专家），四名为有效载荷专家。航天飞机在轨道上运行时可完成施放卫星、回收与维修卫星、进行各种微重力科学实验等多种任务。航天飞机是建造大型空间站的主要运输与服务工具。航天飞机集中了许多现代科学技术成果，是火箭、航天器和航空器技术的综合产物。

图1-7 美国航天飞机起飞

美国哥伦比亚号航天飞机于1981年4月12日首次试飞成功。至2008年7月止，美国已投入使用的航天飞机有哥伦比亚号、挑战者号、发现号、阿特兰蒂斯号、奋进号五架。其中挑战者号航天飞机于1986年1月28日升空时爆炸，哥伦比亚号航天飞机在2003年2月1日返回大气层过程中解体。美国航空航天局曾宣布，奋进号、阿特兰蒂斯号、发现号航天飞机将在2010年后退役。实际上，在奋进号、发现号航天飞机退役后，美国最后一架航

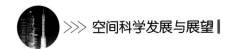

天飞机——阿特兰蒂斯号于2011年7月21日在肯尼迪航天中心安全着陆后也宣布退役。

1991年，苏联暴风雪号航天飞机成功进行了无人试飞，其后由于经费短缺等原因计划中止。

美国的航天飞机又称空间运输系统，由轨道器、两枚固体助推器及外贮箱组成。航天飞机的总起飞质量2 040 t，总长度56.14 m，水平安放时的总高度23.35 m。航天飞机的海平面总推力34 622 kN。轨道器的外形像一架飞机，共装3台液氢液氧火箭发动机，每台推力1 754 kN，轨道器的翼展23.79 m，机身长度37.24 m，着陆状态高度17.27 m，结构质量74.844 t。每枚固体助推器的总质量589.675 t，其中推进剂重502.125 t，空重87.55 t，直径3.7 m，总长45.46 m，地面推力14 680 kN。外贮箱直径8.4 m，长度47 m，总重754.537 t，其中推进剂加注量719.112 t，空重35.425 t。美国航天飞机的低轨道运载能力为25 t（轨道倾角28.5°）。美国航天飞机的研制费约为100亿美元（1980年币值），每架轨道器的造价约为29亿美元（1990年币值），每次发射的运行费约为4亿美元（1990年币值）。

在1981年4月至2010年4月，美国的航天飞机共进行了131次飞行，航天飞机在21世纪初主要承担建造国际空间站的运输任务。

● 相关链接 ● ●

哥伦比亚号航天飞机再入大气层时解体

2003年2月1日，美国哥伦比亚号航天飞机在再入大气层的过程中解体，7名航天员全部遇难。

2003年5月6日，负责调查美国哥伦比亚号航天飞机解体原因的独立委员会宣布，对各种数据进行综合分析后，各方一致认为，这架航天飞机轨道器左翼在起飞时遭到从燃料箱上脱落的泡沫材料撞击，结果造成表面隔热层大面积松动和破损，最终导致哥伦比亚号航天飞机于2003年2月1日在返航途中因超高温空气从松动和破损的隔热层进入而彻底解体。

事实上，哥伦比亚号航天飞机于2003年1月14日起飞后，从燃料箱上脱落一块保险柜大小的泡沫隔热材料，录像画面显示，在起飞后82 s它击中了航天飞机轨道器的左翼，在起飞后84 s左翼上传回的遥测数据显示，这里的温度在升高，而在此前发射过程中从未出现过这种现象；综合其他数据分析，专家指出，这时机体表面已经出现了破损。因此，可以说哥伦比亚号航天飞机在升空时就为返航途中发生的灾难埋下了祸根。

哥伦比亚号航天飞机的失事，使美国剩下的三架航天飞机停飞了两年多的时间。这期间，美国航空航天局制定了一系列安全措施，如增设发射场的地面光学设备，使得起飞阶段能够从全方位监视是否有脱落物击中航天飞机的轨道器，一旦发现有物体击中航天飞机轨道器，则在航天飞机在轨运行（或停靠在空间站上）时，由航天员出舱对被击中的部分进行检查，情况严重的要由航天员进行修复等。

2005年10月，美国恢复了航天飞机的运营，一名航天员在乘坐美国发现号航天飞机升空后，完成空间飞行任务，并安全地返回到地面。

6 早期的空间站

载人空间站是在近地轨道上运行的有人居住的设施，其用途可以从小型实验室扩展到具有加工生产、对天对地观测及星际飞行转运等综合功能的大型轨道基地。

与上述空间站的用途相适应，空间站的总体方案经历了单模块空间站、多模块组合空间站、一体化综合轨道基地的演变过程。

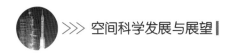

早期的空间站都是单模块空间站。如果将载人和载货的天地往返运输及补给工具除外，只考虑在轨运行的基础设施，单模块空间站是指由火箭一次发射入轨即可运行的空间站。在初期，试验型的空间站都采用了单模块方案，如苏联的礼炮号空间站（图1-8为礼炮6号空间站）和美国的天空实验室。

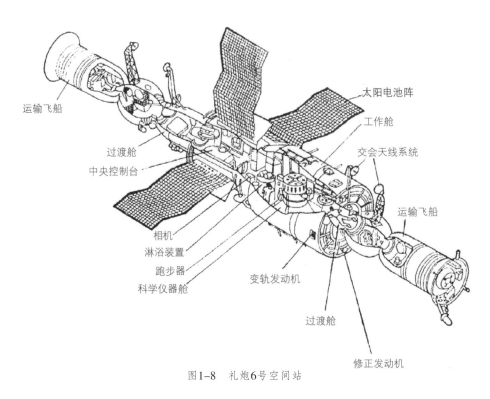

图1-8　礼炮6号空间站

7 和平号空间站

和平号空间站（见图1-9）是多模块组合空间站的典型例子。它由一个核心舱及量子舱、量子2号舱、晶体舱、自然舱、光谱舱五个有效载荷舱组成。核心舱的前端共有五个对接口，其侧面可以对接四个模块，轴向可对接载人或运货飞船。和平号空间站由联盟TM号飞船承担人员往返运送任务，由进步号飞船承担货物运送任务。

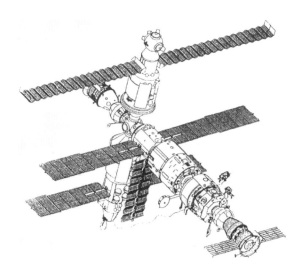

图1-9   和平号空间站(有三个有效载荷舱状态)

1986年2月，苏联用质子号火箭将和平号空间站核心舱发射入轨。其后仍用质子号火箭将五个有效载荷舱先后发射入轨，在轨组装成和平号空间站。和平号空间站在轨工作15年，进行了大量微重力实验、空间科学和航天医学实验，并为建造国际空间站积累了经验。

8 正在运营的国际空间站

国际空间站是由美国、俄罗斯、欧空局、日本、加拿大、巴西等六方16个国家合作研制的一体化综合轨道基地。国际空间站的组装工作于1998年开始，目前已经建成并正在运营中，国际空间站的设计寿命为30年。国际空间站的构型如图1-10所示，其总体参数如表1-2所示。

图1-10   国际空间站

表 1-2   国际空间站的总体参数

参数项	参数值
长（翼展）	108 m
宽	88 m
质量	453 t
运行轨道高度	397 km
轨道倾角	51.6°
舱内大气压力	0.1 MPa（与地球表面相同）
总加压舱容积	1 200 m³
电源功率	总功率110 kW（给用户提供64 kW）
乘员人数	6人

国际空间站在组装阶段的发射工具，有美国的航天飞机、俄罗斯的质子号火箭和天顶号火箭、欧空局的阿里安5号火箭；在运营阶段的载人往返运输工具为俄罗斯的联盟TMA号飞船及美国的航天飞机，运货工具为俄罗斯的进步M号飞船和美国的航天飞机。

· ● 相 关 链 接 ● ·

联盟号系列飞船是国际空间站的一种救生手段

联盟TM号或联盟TMA号飞船将航天员送往国际空间站后就停靠在空间站上，作为国际空间站上的轨道救生艇使用。一旦空间站出现致命性故障，航天员（包括乘坐航天飞机到国际空间站的航天员）可以乘坐联盟号飞船应急返回地面。2000年10月11日，美籍华裔航天员焦立中参加了美国航天飞机的第100次飞行，飞往国际空间站，执行空间站建设任务；2004年10月14日，焦立中乘坐俄罗斯的联盟TMA5号飞船飞赴国际空间站，并担任国际空间站第10长期考察组的指令长。2007年5月20日，他参加了在北京召开的第16届"人在太空"国际学术会议，5月21日在新浪聊天室召开的新浪网友见面会上，主持人问焦立中："在航天飞机上与在空间站相比，是不是后者更舒适、安全一些？"焦立中回答道："对，比较安全。虽然也有危险，但是在空间站，如果有情况，你可以坐飞船脱离空间站回到地面。"

参 考 文 献

[1] 戚发轫,李颐黎.巡天神舟——揭秘载人航天器[M].北京:中国宇航出版社,2011.

[2] 戚发轫,朱仁璋,李颐黎.载人航天器技术[M].2版.北京:国防工业出版社,2003.

[3] Алексеев В А,Горшков Л А,Ерешеко А А,и другие. Космическое Содружество[M]. Москва:Машиностроение,1980.

[4] Boker,David. The History of Manned Space Flight [M]. New York:Crown Publishers,Inc.,1982.

[5] 中国大百科全书航空航天卷编写组.中国大百科全书·航空航天卷 [M].北京:中国大百科全书出版社,1985.

第二章

首次将人类送上太空的东方号飞船和首次实现航天员舱外活动的上升号飞船

1 首次将人类送上太空的东方号飞船

1.1 东方号飞船研制的背景

苏联第一个载人飞船系列——东方号于1958年开始研制。当时在苏联，除了政治上的迫切需要外，在技术上和物质上也具备了研制载人飞船的条件。

从20世纪50年代开始，苏联进行了大量的探空火箭飞行试验。1951年，苏联第一个带有生物的地球物理火箭箭头上升到101 km的高度。其后，火箭到达的高度越来越高，从200 km到475 km。1951年至1960年的十年间，苏联共发射了31枚带有生物（狗、兔、鼠等）的高空试验火箭，飞行高度为100~470 km。探测大气同温层的气象火箭更是大量发射，仅1960年，就发射了160枚气象火箭。这些探空火箭的发射，以及后来三颗人造地球卫星的飞行，积累了大量空间环境、飞行环境、航天生物学方面的统计资料。同时进行了火箭在超声速和高超声速区域的空气动力学研究；成功地解决了箭头和整个箭体的安全着陆和回收以及带有生物的密封舱自40~90 km高度的弹射、安全着陆问题；还进行了远距离的遥测、遥控、跟踪等试验。通过这些飞行试验可以初步得出结论，载人航天是有可能实现的。

1958年，苏联在运载火箭方面取得很大进展。已成功地研制出第一代运载火箭——两级液体的卫星（斯普特尼克号）运载火箭，并将苏联的头三颗人造卫星送进了轨道；当时正在研制中的带有四个助推器的二级运载火箭——东方号也即将问世，可将质量为4~4.5 t的航天器送入轨道。东方号运载火箭的二子级与东方号飞船如图2-1所示。

在上述背景情况下，科罗廖夫（С.П.Коорлев）和吉洪尼拉沃夫（М.К.Тихонравов）联名上书苏联当局，建议在1958年至1960年的三年间研制苏联第一代载人飞船，并采用弹道式返回方案。

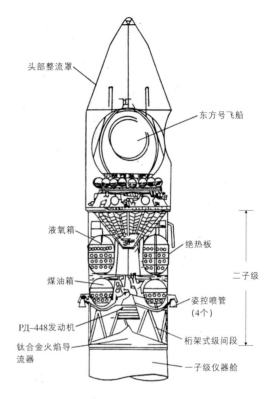

图2-1　东方号运载火箭的二子级与东方号飞船

东方号飞船的研制工作在总设计师科罗廖夫的领导下迅速展开。从开始研制到首次载人轨道飞行持续了两年九个月时间（1958年7月—1961年4月）。现将在研制过程中考虑和解决的主要技术问题分述如下。

1.2　东方号飞船在载人轨道飞行之前是否要先做亚轨道飞行试验

所谓"亚轨道飞行试验"，是指绕地球飞行不到一圈的飞行试验。美国在其首次载人轨道飞行试验之前，做了两次载人亚轨道飞行试验。

载人航天的一个主要未知因素是微重力（或说是"失重"）环境对航天员心理和生理的影响。通过飞机做抛物线飞行，在微重力条件持续0.5 min量级的条件下，证明人体是可以耐受的。而利用火箭做亚轨道飞

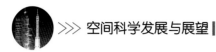

行，只能获得2~4 min的微重力条件。可以预计，与飞机做抛物线飞行试验相比，火箭亚轨道飞行试验不可能给出什么新的实质性的结果。载人轨道飞行最短的微重力持续时间，只能绕地球飞行一圈，约为89 min。因此苏联决定不进行载人亚轨道飞行，直接进行载人轨道飞行试验。首次轨道飞行决定只绕地球飞行一圈，以后视情况逐步延长飞行时间。当然在首次载人轨道飞行之前，需要做一系列无人或带有生物的飞船轨道飞行试验。

1.3 东方号飞船的质量和轨道是如何选取的

根据东方号运载火箭的运载能力，确定飞船的质量在4.7 t左右，运行轨道近地点高度约为180 km，远地点高度为222~327 km，轨道倾角约为65°，周期约为89 min。

由于是第一次载人航天飞行，为确保安全，飞船的运行轨道设计得比较低，近地点高度在180 km左右。这样，在开始返回制动变轨时，万一制动火箭失效，飞船依靠自身轨道的衰减，可在一星期内返回地面。不过在这种情况下，着陆的准确时间和位置是无法预测的。

1.4 东方号飞船是怎样实现制动返回的

在给定时刻，由制动发动机给予飞船一定的冲量，使其运动的速度矢量改变一个预定的角度，则飞船脱离原来的运行轨道，转入一条能进入稠密大气层的返回轨道。飞船进入大气层后，在气动阻力的作用下急剧减速至亚声速，然后由降落伞着陆系统进一步减速到安全着陆速度。

计算结果表明，制动发动机的冲量能在给定的方向上对飞船提供100~140 m/s的速度增量就足以使飞船从原来的运行轨道转入返回轨道。

东方号飞船的制动发动机系统，总质量396 kg，包括一台推力15.7 kN、涡轮泵输送的液体推进剂发动机和280 kg推进剂。在制动发动机工作期间，飞船的稳定性由姿态控制系统保证。后者以陀螺系统作为姿态的敏感元件，由喷气系统产生控制力矩。喷气系统的气源来自高压气瓶储存的气体。

制动发动机的一个主要关键问题是保证在微重力条件下启动。为此，在推进剂的贮箱里设置了专门的气枕。

1.5 东方号飞船选用哪种再入方式

飞船沿返回轨道下降，在100 km左右高度开始进入稠密大气层，称作再入大气层。飞船在大气层里运动有两种方式：弹道式再入和半弹道式再入。

飞船以弹道式再入，在其上只有阻力作用，而没有升力作用，或者有有限的升力，但此升力是无控的。计算表明飞船以弹道式再入，其再入最大制动过载为$8g$~$10g$，而过载大于$5g$的持续时间约100 s。地面试验已经证明，这样的过载条件人体是能够耐受的。计算分析还表明，采用弹道式再入的气动力加热时间短，可以研制出可靠的防热结构。

采用半弹道式再入，在再入过程控制飞船升力的方向，可以明显降低再入制动过载，提高着陆精度。但是要实现半弹道式再入，必须解决以下四个关键技术问题：

（1）选择飞船合适的气动外形，使其在大气层里运动时能产生所需的升力。

（2）对模型做风洞试验和飞行试验，以研究所选定气动外形的气动力特性。

（3）在进入稠密大气层前以及在大气层内的高超声速和跨声速运动条件下，飞船姿态的建立和稳定。

（4）研制相应的防热结构。

经过分析比较，最后决定东方号飞船采用弹道式再入，这样可以使东方号飞船简单而可靠地在稠密大气层里运动和减速，有效地解决东方号飞船的返回问题。

1.6 东方号飞船采用几个舱段的构型

飞船在返回过程中，以很高的速度再入稠密大气层，承受严重的气动力加热，其再入防热结构的质量是由其尺寸的大小来决定的，而尺寸又是由安装在其内的仪器设备的数量来决定的。因此，苏联决定将东方号飞船分为返回舱和仪器舱两个舱段，把不需要回收的设备放在仪器舱。这样可以大大减少再入防热结构的质量。东方号载人飞船的构型及布局如图2-2所示。

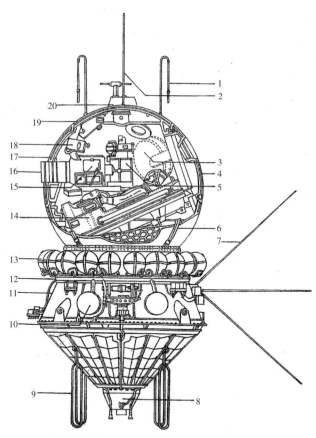

图2-2 东方号载人飞船的构型及布局

1. 遥控天线 2. 通信天线 3. 脱落插头箱 4. 座舱口 5. 食品柜 6. 绑带 7. 通话天线 8. 制动发动机 9. 遥测天线 10. 检查口 11. 仪器舱 12. 电器装置 13. 姿态控制系统和航天服空调系统的气瓶 14. 航天员和弹射座椅 15. 收音机 16. 光学瞄准镜 17. 工艺舱口 18. 电视摄像机 19. 防热结构 20. 电子部件

（1）返回舱，在俄文里称为下降舱（спускаемый аппарат）。在其内设置有需要返回的航天员和保证航天员安全返回所需的仪器和设备：包括生命保障系统的设备，控制、监测和通信仪器，着陆系统等凡是需要返回和与保证安全返回的仪器设备。

东方号飞船的返回舱呈圆球形，直径2.3 m，质量2 460 kg，内部密封舱容积1.6 m³；基本结构为铝合金承力结构，在其外部是由烧蚀材料组成的防热层，质量约800 kg。防热层在再入大气层过程中保护着铝合金承力结构。在防热层外面，还包裹着一层温控层。温控层由多层镀铝薄膜组成，每层之间隔以玻璃丝网。在轨道上的高真空条件下，可以有效地隔离辐射传热（在真空失重条件下，辐射传热是主要传热形式）。

（2）仪器舱（приборный отсек）。在其内安装着那些仅在轨道上飞行所需的而不需要返回的仪器设备，如遥测、通信、轨道控制、电源、姿态控制系统等。

制动发动机具有在真空条件下启动工作的能力，而且在飞船离轨转入返回轨道以后，就不再需要它工作了，因此它安装在仪器舱的底部。

飞船在轨道上完成了预定的工作任务以后，开始返回程序。先是调整返回姿态，建立制动角。接着制动发动机点火，飞船脱离原来的运行轨道转入返回轨道。然后返回舱与仪器舱分离。仪器舱上没有设置防热结构和着陆系统，它在再入大气层过程中被焚毁。而返回舱安然通过稠密大气层，最后借助降落伞系统安全着陆。

需要提一下，美国的第一代飞船——水星号就只有一个返回舱。它在再入大气层前仅把固定在飞船底部的制动发动机组抛掉。

1.7 东方号飞船返回舱的外形是怎么选择的

返回舱外形选择是飞船总体设计的一个核心问题。在设计东方号飞船时，曾分析比较了四种不同的气动力外形：不同锥度的截圆锥体、球块和截圆锥的组合体、钟形体以及圆球形。最后选择了圆球形作为东方号飞船返回舱的气动外形，其主要理由如下：

（1）圆球形的几何外形简单。飞船飞行过程所经历的各个速度范围，从第一宇宙速度到亚声速，从高超声速到低速，圆球形的气动力特性，如阻力系数、压力中心等，都已研究得很透彻，掌握得很充分。

（2）圆球形物体在大气层里运动，只承受阻力，而不会产生任何升力，很容易实现弹道式再入。其气动力合力总是通过其几何中心，即球心。在设计时，只要把返回舱的质心配置在压心（即球体中心）前面，不但能够可靠地保证返回舱在大气中飞行的静稳定性，而且还具有良好的动稳定性。返回舱以任意的姿态进入稠密大气层，随着高度的降低和动压力的增加，返回舱绕质心的摆动会自动地、无须任何附加稳定装置就阻尼掉，呈稳定飞行。

（3）从防热结构质量方面看，在给定截面面积条件下，圆球形接近于最佳外形。

圆球形外形的这些特点，使返回舱的防热设计和飞行稳定性比较简单，工程上易于可靠地实现。这对于首次载人航天飞行，确保航天员的安全是至关重要的。

返回舱在制动发动机工作结束后，沿一条新的椭圆形的过渡轨道自由下降，在100 km左右的高度，以2°~3°的再入角开始进入稠密大气层。再入舱以高超声速（马赫数Ma在20以上）在大气层里运动，在其上作用的气动阻力高达200 kN。在如此巨大的气动阻力作用下，返回舱急剧减速，最大过载达$9g$~$10g$（见图2-3）。对这样大的过载，只要适当选择航天员的座椅方位，仍是在航天员所能耐受的极限范围内。在再入过程中，返回舱还承受严重的气动力加热，最大热流密度达10^6 J/（m²·s），总加热量接近8×10^7 J/m²，边界层里的空气温度上升到10 000℃左右。在再入的气动力加热的过程中，返回舱外层的烧蚀型防热材料的表层不断地升华和碳化，将大部分热量带走，保护着返回舱的基本结构不致烧毁，舱内温度不致过高。

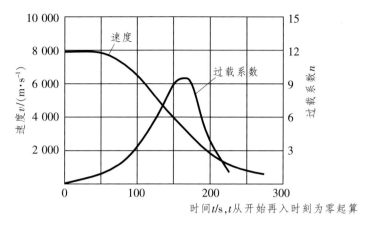

图2-3　东方号返回舱在再入过程中的过载系数和速度

● • ● 相关链接 ● • ●

什么是过载和过载系数

返回舱在再入地球大气层的过程中，作用在返回舱上的空气动力R除以飞船的质量m称作作用在返回舱上的过载，过载以若干倍的g（g为地球表面的重力加速度，约为9.81 m/s²）来计量。过载系数等于过载除以g。过载系数为9，表示作用在航天员身体上的力相当于航天员体重的9倍。

1.8　东方号飞船的航天员是怎样实现安全着陆的

当返回舱下降到20 km左右的高度时，速度已减低到亚声速。到10 km左右的高度时，速度已接近稳定下降速度，达200~220 m/s。再往下，速度改变非常少，需要利用降落伞系统一步一步地提供更大的阻力，将返回舱进一步减速到安全着陆速度。

在正常返回情况下，东方号飞船的航天员可以有两种不同的着陆方式供选择：坐在返回舱的座椅内着陆，或者利用弹射座椅将航天员弹射出舱外，分别着陆（见图2-4）。

图2-4　东方号飞船着陆系统工作示意图

1. 再入开始　2. 弹射座舱舱盖（打开航天员座舱舱门）　3. 弹射坐有航天员的弹射座椅 4. 弹射降落伞伞舱盖　5. 引导伞开伞，拉出减速伞　6. 减速伞分离，拉出主伞　7. 返回舱着 陆　8. 弹射座椅减速伞开伞　9. 弹射座椅主伞开伞　10. 乘着降落伞的航天员与座椅分 离，放下救生包　11. 航天员乘降落伞徐徐下降　12. 航天员着陆

1.8.1 航天员以弹射座椅工作方式着陆

弹射座椅位于返回舱的中央。在整个飞行过程中，穿着舱内航天服的 航天员就躺在座椅上工作和休息。同时座椅还是航天员正常着陆和应急救 生的手段。座椅的轴线，也是弹射方向，与返回舱中心轴呈64°夹角，椅 背平面与椅座平面的夹角为110°。在起飞和返回过程中，从医学角度证明 航天员以这样的姿态来承受过载是比较合适的。

在弹射时，弹射机构在0.1~0.2 s的时间内，将坐着航天员的弹射座椅 加速到20 m/s的速度，随后弹射座椅离开返回舱。弹射座椅还设有两台固 体火箭发动机加速器，又称火箭包。在飞船发射的最初阶段，从发射台到 最大动压力（起飞后40 s），如果出现危急情况，可以加速到48 m/s；而且 其推力方向不经过座椅的质心，它所产生的力矩与气动力力矩相组合，使 得座椅转为头靠顺着气流朝后的姿态，为2 m²面积的座椅减速伞创造良好 的开伞条件。

减速伞的开伞又为面积为83.5 m²的座椅主伞创造良好的开伞条件。主伞装在座椅顶部的伞舱内。在主伞工作失效时，打开备份伞应急。备份伞面积为56 m²，装在一个专用的可分离的椅背里。在这个可分离的椅背里，除了备份伞外，还装有背带系紧机构、燃气动作的人椅紧急分离锁、控制备份伞开伞的气压式自动开伞器以及头靠等。在可分离的椅背的下面和座椅的下部，是安置救生包的位置。

当返回舱下降到离地面7 km高度时，膜盒式高度控制器发出指令，座舱舱门分离；2 s后，弹射座椅的弹射机构动作，将载有航天员的座椅弹射出舱外。在这2 s的时间内，座舱舱门运动到离开返回舱的安全位置、航天员头盔上的玻璃罩自动盖上，航天员的背带系统收紧以及接通供氧系统。从座椅在导轨上开始滑动算起，0.5 s后座椅已运动到舱外，减速伞开伞。再经过3 s后，带着可分离的椅背、备份伞伞包和救生包的航天员与座椅分离；减速伞也同时分离，拉出主伞。人椅分离后10 s，放下救生包。后者吊在一根15 m长的绳子下端，这样在着陆前减少降落伞的载荷，从而减低着陆速度。航天员乘83.5 m²的主伞徐徐下降，以5~6 m/s的垂直速度着陆。

如果在主伞开伞后，由于某种原因航天员不能与座椅分离，则备有强制人椅分离机构可使航天员连同备份伞和救生包与座椅强制分离；经过5 s的延迟，备份伞开伞，然后救生包分离。在比较高的高空以及返回下降时航天员从座舱内应急弹射救生时，固体火箭发动机加速器不点火，而且采用弹射机构漏气的方法来降低其弹射能量。

1.8.2 航天员坐在座舱内着陆

当返回舱下降到离地面4 km的高度时，膜盒式高度控制器发出指令，伞舱盖弹射分离，同时拉出面积为1.5 m²的引导伞；引导伞开伞后，拉出面积为18 m²的减速伞。当返回舱下降到2.5 km高度时，减速伞分离，同时拉出面积为574 m²的主伞。返回舱乘主伞以不高于10 m/s的速度着陆。

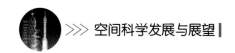

在降落伞系统开伞后，在返回舱上端伸出短波信标机天线，同时舱内的无线电信标机以两种频率向地面发出无线电标位信号。在返回舱着陆后，自动或由航天员手控，伸出超短波信标天线。信标机再发出超短波信标信号。地面的短波接收设备可以在很远的距离外（数千千米）确定返回舱的位置，而超短波信标信号则供载有定向罗盘的飞机搜索定向用。

地面搜索–回收部队配备有各种机型的飞机、直升机、伞兵部队、医务人员、工程技术人员、后勤人员等。搜索飞机上载有超短波定向罗盘，接收返回舱发出的超短波标位信号，及时确定返回舱的着陆点方位，迅速飞往着陆点。航天员在着陆后，接受医务检查，然后转移到最近的机场。返回舱着陆后，经工程技术人员检查和处置，由直升机或卡车运走。

1.9 东方号飞船是怎样应急救生的

在不同飞行阶段发生危险情况时，采取不同的应急救生程序（可参见文献［2］）。

1.9.1 发射段应急救生

（1）低空飞行阶段——从准备起飞、起飞至起飞后40 s。在此阶段如果发生危急情况，采用弹射座椅将航天员弹出座舱，然后乘降落伞安全着陆。

（2）低高空飞行阶段——起飞后40~156 s（起飞后156 s时整流罩分离）。在此阶段如果出现险情，首先运载火箭的发动机紧急关机。当下降到飞行高度约为7 km时，用弹射座椅将航天员弹到座舱外。

（3）高高空飞行阶段——起飞后156~700 s。在这种情况下一旦出现险情，运载火箭的发动机紧急关机，然后返回舱分离。返回舱单独按正常程序返回。

（4）入轨前飞行阶段——起飞后700~730 s。在这种情况下运载火箭的发动机紧急关机，然后整个飞船与运载火箭分离。在下降过程中，返回舱与仪器舱分离。返回舱按正常程序返回。

1.9.2 制动发动机失效情况

（1）要求在轨道设计时（考虑到入轨偏差），要保证飞船在轨道上的最短寿命约2~3天，最长不超过8~10天。

（2）在座舱的热控设计时，要考虑到飞船以轨道自然衰减方式返回地面的情况。

（3）飞船上的电源，应能保证在应急状态下各种仪器设备工作10天。

1.10 东方号飞船的遥测、遥控、程控与通信方案

1.10.1 遥控系统

船上设置两套遥控接收和译码装置，可接收地面台站发来的63条不同的遥控指令。这些指令一部分转送到船上程序控制系统，而另一部分直接送到船上配电器，通过后者再转到有关的仪器设备。

1.10.2 程序控制系统

程序控制系统保证按时向船载配电器发出程序指令，使船上的各种仪器设备能够自动地按照预定的时间程序工作。

有三条程序指令是控制船载遥测系统和跟踪系统在飞船进入和飞离苏联国土上空时开关机的。其中有两条指令的持续时间是绕地球一周的周期（对于通过苏联国土上空的诸轨道圈），还有一条指令的持续时间是绕地球6圈的时间（对于不通过苏联国土上空的诸轨道圈）。

有两条程序指令是控制返回程序的，使返回程序（从返回前的准备到飞船离开运行轨道转入返回轨道）完全自动、不受航天员动作的干扰按预定程序进行。还有一条程序指令是适合航天员手动控制返回程序的。

程控指令的选择是通过地面遥控台站的遥控指令来实现的，而且两套遥控设备都可以控制返回程序。手动控制返回程序和轨道上的有一组遥测

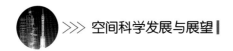

指令，可以由航天员通过仪器面板上的控制键钮来实现。程序控制系统的各条指令发送到船上配电器，后者再转送到有关的仪器设备。

为提高程序控制系统的可靠性，采取了冗余设计。在船上设置两套程序控制系统，其中一套为冷备份，即工作着的一套系统出现故障情况时，切换至另一套系统开机工作。

1.10.3 遥测系统

为了在地面能够监测船上航天员以及各种仪器设备的工作情况，在船上设置了如下遥测设备：

(1) 两套超短波遥测设备。这些设备仅在飞船飞越苏联国土上空时，才发射信号。

(2) 一套短波遥测设备，专门测量航天员的脉搏。当飞船不在苏联上空时，地面也能收到这组遥测信号。

(3) 一套磁带记录器，记录航天员和船载仪器设备从准备返回到再入过程的各种参数。飞船在再入过程中，由于气动力加热的作用，飞船周围的空气被电离，形成一个等离子鞘套，使遥测信号不能辐射出来。这就是所谓的"黑障"现象。所以要把飞船在再入过程中的各种参数记录在磁记录器上。

1.10.4 跟踪系统

船上设置两套微波（厘米波）雷达应答器，由地面雷达跟踪测量飞船飞行的轨道参数。

1.10.5 通信系统

船上设有如下通信设备：

(1) 两套超短波话音通信设备。在飞船飞越苏联国土上空时，地面和船上可以通话。

(2) 两套短波话音通信设备，供飞船不在苏联上空时，地面和船上通话。

(3) 电报。船上有一台短波发报机，可向地面发送电报。而航天员在船上可通过短波和中波收报机，接收地面发来的电报。

1.10.6 电视系统

为了直接观察航天员在飞行过程中的面容反应，船上设置两台电视摄像机，将航天员的面容表情传送到地面。

1.11 东方号飞船姿态控制系统的组成和工作原理

姿态控制系统的主要任务在于建立返回姿态，也就是在制动发动机点火工作前，将飞船的姿态调整到设计的制动姿态，飞船纵轴与当地水平呈一定的制动角。姿态控制系统的工作可以完全自动地由程序控制系统控制，此时飞船姿态的敏感器件为太阳角计，确定飞船轴线与太阳之间的夹角。飞船运行的轨道平面相对于太阳的方位在发射入轨时就确定了。

作为备用手段，设计中还考虑了由航天员手动控制返回程序，这时姿态的敏感仪器为光学瞄准镜（Взор）。光学瞄准镜安装在飞船侧壁的舷窗上（见图2-2，当东方号飞船在轨道上飞行时，光学瞄准镜的光轴垂直于过飞船当时星下点的水平面）。Взор光学瞄准镜示意图如图2-5所示。在舷窗内、外两侧共有8面呈轴对称安装的反射镜，用以确定地平的相对位置，显示在显示屏周边的地平观察区。在屏的中央，直接通过舷窗又可观察在

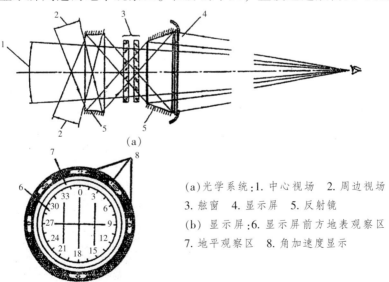

(a)光学系统：1.中心视场　2.周边视场
3.舷窗　4.显示屏　5.反射镜
（b）显示屏：6.显示屏前方地表观察区
7.地平观察区　8.角加速度显示

图2-5　Взор光学瞄准镜示意图

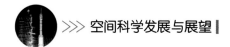

瞄准镜光轴前方的部分地球表面的图像。从屏上的地平观察区，航天员可以判断飞船俯仰和滚动姿态的偏差；而从地表景物的运动方向与垂直画线，可以判断飞船偏航的偏差。

执行机构由两个自主的喷嘴组组成，每组8个喷嘴，以氮气为工作介质，为调整飞船姿态提供所需的力矩。3个独立的高压氮气瓶组，共12个球形氮气瓶，向两个喷嘴组供气（见图2-6），其中两组保证自动姿态控制供气，一组保证手动控制。12个球形气瓶安装在仪器舱上端与返回舱对接处四周。

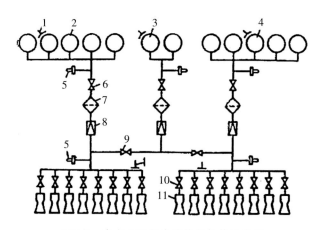

图2-6　东方号飞船姿控执行机构示意图

1. 温度传感器　2. 第一基本组气瓶　3. 备份组气瓶　4. 第二基本组气瓶　5. 压力传感器
6. 高压阀门　7. 过滤器　8. 减压阀　9. 备份气输送阀门　10.电磁阀　11. 喷嘴

1.12 东方号飞船的环境控制与生命保障系统的方案

座舱内采用什么样的大气成分和维持多大的大气压力，分析比较了两种座舱大气成分方案。一种是纯氧大气成分，采用纯氧方案可使座舱压力降低到30~40 kPa（相当于0.3~0.4个大气压）。另一种是采用1个大气压的标准氧氮混合气大气成分，即正常的地面大气成分，其中氧气约占21%、氮气约占79%。最后决定采用1个大气压的标准氧氮混合气大气，即座舱压力和氧气浓度维持在与海平面大气相同的水平。其主要理由如下：

（1）降低座舱舱压，对于减轻结构质量并无明显效果。

（2）取座舱舱压为1个大气压和标准大气成分，可明显地简化供气系统的设计。

（3）从防火角度考虑，座舱采用1个大气压的氧氮混合气体比采用纯氧气体更为安全。

（4）舱内大气条件维持在地面标准状态，可以观察不是由于非正常的座舱大气环境，而只是空间飞行因素，如失重、辐射等对航天员所产生的影响。

顺便提一下，美国载人飞船的座舱采用纯氧大气成分。阿波罗号飞船设计上考虑欠周，1967年1月27日，飞船在发射台上进行模拟试验时，由于座舱内电线短路，引起火灾。座舱门不能及时打开，三名航天员全部殉难。

东方号飞船座舱的设计环境条件为舱压和氧气浓度维持在与海平面相同的水平，温度17~26 ℃，相对湿度45%~65%，二氧化碳浓度不超过0.5%。

航天员不断消耗氧气，又不断排出代谢产物二氧化碳（每名航天员每天要消耗氧气约0.83 L、排出二氧化碳约1 kg）。同时从呼出的气体、汗液和胃肠道排出的臭味、舱内仪器设备发出的气味等，使舱内大气含有微量

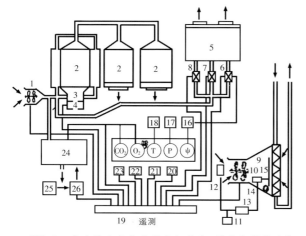

1,10. 电风扇　2,3,4. 调压器，尘埃滤器及有害气体滤器
5. 吸湿装置　6. 自动调节阀
7,8. 手动阀　9. 带有冷凝水收集器的气-液热交换器
11,12,13,14,15. 自动调温装置　16. 温度计　17,23. 压力表　18,22. 温度表　19. 控制板　20,21. 温度计　24, 25, 26. 测量氧气和二氧化碳浓度的气体分析器

图2-7　东方号飞船的座舱大气净化、再生和调节系统

污染物质。因此需要有一套座舱大气净化、再生和调节系统（见图2-7），将二氧化碳转换为新鲜氧气，同时将对航天员身心健康有害的微量污染物吸收掉。

大气净化、再生和调节系统由一套通风装置将座舱的空气通过气体分析器、气体再生装置和去湿器。气体分析器测量氧气和二氧化碳气体的分压。这些分压信息连同座舱的总压、湿度和温度等信息，送到航天员面前的仪表板显示的同时，通过遥测系统传送给地面。

当座舱压力下降到规定值以下时，通过气体再生装置的气体流量增加。气体净化装置内装有超氧化钾（KO_2）吸收二氧化碳和水汽，并释放出氧气；氧气通过去湿装置，受恒湿器的调节，以一定的湿度释放到座舱里。当舱压高于0.12 MPa（相当于1.2个大气压）时，余压阀开启，将多余空气排到舱外。

航天员要不断地散发出代谢热量，舱内仪器设备也要散热，此外，飞船还要吸收太阳和地球辐射传来的热量。因此，座舱必须进行温度控制。热控制系统的任务是在正常飞行情况和应急返回情况（包括按轨道自然衰减返回情况）下，保持座舱温度在17~26 ℃以及船载仪器设备能正常工作的温度环境。

热控系统由散热器、气-液热交换器、液路系统、自动控制仪器和蒸发散热器等组成。

可调节的气-液热交换器将座舱空气的热量传递给液路系统的传热介质，再通过液路系统将返回舱的热量送到辐射散热器。仪器舱内散发的热量直接由仪器舱的空气传给辐射散热器。

辐射散热器安置在仪器舱下端锥部，设有百叶窗。百叶窗的开启和闭合可以调节向外面空间辐射的热量，从而保持飞船的热平衡，即飞船吸收从太阳和地球辐射来的热量、大气残余分子流作用于飞船上的热量、航天员散发的热量以及船载仪器设备发出的热量等的总和与辐射散热器及飞船表面向空间辐射的热量相等。

自动温控仪控制着座舱温度在设计范围内。同时，航天员也能从仪表板上的显示监测舱内温度和热控系统的工作状况，还能通过面板手动调节舱内温度的高低。

航天员在座舱内穿着舱内航天服。舱内备有足够的水和食品，还有粪便收集器、医学监测仪器、科学实验装置、电影摄影机和照相机等；还装有应急食品、水、药品和武器等，供飞船应急降落在未预料的地区时使用。也考虑了空间辐射和微陨石对航天员的影响。

1.13 东方号飞船的主要性能参数及飞行试验情况

东方号飞船和上升号飞船的主要性能参数如表2-1所示。

表 2-1　东方号飞船和上升号飞船主要性能参数

主要参数		东方号飞船	上升号飞船
起飞质量	kg	4 725	5 320~5 680
其中：返回舱	kg	2 460	2 800~3 100
仪器舱（包括动力装置）	kg	2 265	2 520~2 580
几何尺寸			
长度（飞船本体）	m	4.41	5.0
最大直径（位于仪器舱）	m	2.43	2.43
返回舱直径	m	2.30	2.30
密封座舱自由容积	m³	1.60	1.60
最大再入制动过载		$9\,g$~$10\,g$	$8\,g$~$10\,g$
飞行持续时间	d	10	3

苏联在研制东方号飞船本体的同时，在地面大型环境模拟试验装置、地面测控网和发射装置的建设方面也进行了大量工作。1959年开始了选拔和培训航天员工作。

1960年1月，进行了两次无人亚轨道飞行试验（见表2-2），其主要试验目的在于试验飞船的防热结构，这在当时是研制飞船最主要的关键技术问题。

表 2-2　东方号飞船历次轨道飞行及有关飞行试验

代　号	发射日期 （返回日期）	轨道 /(km/km)	质量 /kg	简　　况
亚轨道飞行	1960.1.20			再入飞行器首次亚轨道飞行试验
亚轨道飞行	1960.1.30			再入飞行器第二次亚轨道飞行试验
卫星式飞船1号	1960.5.15	312/368	4540	第46圈返回，由于姿态控制系统调姿错误，制动发动机把返回舱推到更高轨道
卫星式飞船2号	1960.8.19 （1960.8.20）	306/339	4600	载两条小狗，首次从轨道上返回成功
卫星式飞船3号	1960.12.1 （1960.12.2）	187/265	4563	载两条小狗，返回时返回舱进入错误轨道，飞船焚毁
卫星式飞船4号	1961.3.9 （1961.3.9）	183/249	4700	载一条小狗，模拟首次载人飞行，安全返回，只在轨道上运行一圈
卫星式飞船5号	1961.3.25 （1961.3.25）	179/246	4695	载一条小狗，模拟首次载人飞行，安全返回，只在轨道上运行一圈
东方1号	1961.4.12 （1961.4.12）	175/302	4725	人类首次载人航天飞行成功，航天员加加林在轨道上运行一圈
东方2号	1961.8.6 （1961.8.7）	179/244	4731	航天员季托夫，轨道持续时间1.05天
东方3号	1962.8.11 （1962.8.15）	183/235	4722	航天员尼古拉耶夫，首次与东方4号编队飞行
东方4号	1962.8.12 （1962.8.15）	180/237	4728	航天员波波维奇，与东方3号编队飞行
东方5号	1963.6.14 （1963.6.19）	180/222	4720	航天员贝珂夫斯基，与东方6号编队飞行，轨道上持续时间4.96天
东方6号	1963.6.16 （1963.6.19）	183/231	4713	世界上第一位女航天员捷列什科娃，与东方5号编队飞行

　　在大量飞船地面试验获通过以及东方号运载火箭飞行试验成功的基础上，1960年5月15日进行了首次飞船无人轨道飞行试验，代号为"卫星式飞船1号"，又称"斯普特尼克4号"。飞船上载有模拟假人，但文献［3］称飞船上未设置防热结构。当5月19日开始返回时，由于船上姿态控制系

统的极性接反了，以致将返回制动角调反。结果制动发动机变成了加速发动机，将飞船推到了更高的轨道。

1960年8月19日，载有两条小狗的卫星式飞船2号（斯普特尼克5号）发射升空。飞船在轨道运行的第18圈返回成功，安全着陆。

总结前两次飞行试验的结果，根据过渡到载人轨道飞行任务的技术要求，补充进行了大量地面试验，其中包括生命保障系统、舱内航天服、弹射座椅、航天员降落伞系统、姿态控制系统的姿态测量装置以及制动火箭发动机等；对载人飞船设计进行了重大修改。1960年12月1日，发射了卫星式飞船3号。可惜飞船在返回时，返回轨道超出了设计范围，飞船焚毁，返回失败。

翌年（1961年）3月，又连续发射了两艘载有小狗的无人飞船——卫星式飞船4号、卫星式飞船5号。这两艘飞船的技术状态与载人情况完全相同。两次飞行皆获得圆满成功。至此，首次载人航天飞行的条件也已具备。

1961年4月12日，载有苏联航天员加加林的东方1号飞船由东方号运载火箭送入轨道（见图2-8），飞船绕地球飞行108 min后安全返回，在预定地区着陆，揭开了人类征服宇宙空间的新时代。1963年6月16日，世界上第一位女航天员捷列什科娃乘坐东方6号飞船进入太空。到1963年6月，共发射了6艘东方号飞船，结束了东方号载人飞

图2-8　东方号运载火箭发射东方1号飞船(1961年4月12日)

船计划，为发展载人航天技术奠定了良好的基础。

1.14 世界上第一位航天员加加林飞天纪实

加加林是世界上第一位航天员，苏联英雄。1934年
3月9日，加加林生于斯摩棱斯克州格扎茨克区克鲁布
诺镇。1955年从萨拉托夫工业技术学校毕业后参军。
1957年在奇卡洛夫第一军事航空飞行员学校结业，同年
成为北方舰队航空兵歼击机飞行员。1960年被选拔为航
天员。图2-9为加加林的照片。

图2-9 加加林

1961年1月，经过紧张的考试，最后只留下加加林等6人。当参加集训
的航天员去参观东方号飞船时，总设计师科罗廖夫敏锐地注意到了加加林
出众的才华，评价他是集天生的勇敢、善于分析、吃苦耐劳和谦虚谨慎于
一身的人，因此他又从"6人突击小组"中被选为第一个航天使者。

举世瞩目的日子一天天临近了。东方1号载人飞船发射的前一天，加
加林被送到拜科努尔航天中心。在发射场，总设计师科罗廖夫告诫所有工
作人员："不能出现任何故障！发射不能有任何失误！一定要顺利完成
任务！"

1961年4月11日，科罗廖夫陪着加加林来到发射台前，在东方1号飞船
旁对加加林说："您真幸运，您将从那么高的地方观察我们美丽的地球。

图2-10 1961年科罗廖夫(右一)为第一位航天员
加加林壮行

发射和飞行都不会很轻松，既
要经受超重又要经受失重的考
验，还可能遇到我们未曾预料
到的危险。这方面我们已经说
了许多，但我们还要再一次提
醒您，在明天的飞行中有冒险
的成分，这对您来说已不是新

问题。"然后又亲切地说："您要记住，不管发生什么事情，我们都将竭尽智慧，全力援助您。"加加林默默地点点头，表示无论如何也要完成这项无上光荣的任务。

1961年4月12日清晨，加加林在酣睡中被医生叫醒，吃完一顿特别的早餐后，穿上橙色航天服来到发射台前。他进入飞船的座舱，被固定在座位上，十分平静地等待发射时刻的到来。莫斯科时间上午9时07分，在拜科努尔发射场上发出一声震天的轰响，东方1号飞船在东方号运载火箭的推动下徐徐升空，人们欢呼载人星际航行时代开始了。加加林是第一个从太空俯瞰地球全貌的人。他乘坐的飞船以每小时27 200 km的速度，越过苏联、太平洋等地上空，环绕地球飞驰，他看了陆地、森林、海洋和云彩，他从起飞到着陆飞行了108 min，环绕地球一圈。当飞船按指令返回再入大气层时，他从舷窗看见了飞船返回舱防热层被烧蚀而引起的火焰。上午10时55分，加加林借助降落伞在萨拉托夫州斯梅洛夫卡村地区降落，电台广播传来"一切顺利"的声音，地面控制中心人员如释重负，相互祝贺。

2 首次实现航天员舱外活动的上升号飞船

2.1 上升号载人飞船的由来、主要指标和飞行试验

1961年加加林首次载人航天飞行成功，为人类的载人航天开拓了广阔的前景。第二年(1962年)，苏联立即开始研制技术更为复杂、功能更为齐全的联盟号飞船。1964年，正当联盟号飞船的研制工作紧张进行的时候，突然插进来一项研制上升号飞船的任务，而且快马加鞭，日夜兼程，进展神速。

有些西方分析家认为，这是由于赫鲁晓夫在得知美国研制双子星座号

飞船的信息后，急于要与美国争几个"第一"而下令立即研制上升号飞船的，是苏美空间竞赛的典型产物。上升号飞船共进行了两次载人飞行，如表2-3所示。

表 2-3　上升号飞船历次载人飞行及有关轨道试验（轨道倾角为63°）

代　号	发射日期 （返回日期）	轨道 /(km/km)	质量 /kg	简　　况
宇宙47号	1964.10.6 （1964.10.7）	177/413		模拟上升1号飞船轨道飞行试验
上升1号	1964.10.12 （1964.10.13）	177.5/408	5302	首次载三名航天员飞行 航天员：柯马洛夫、费奥季斯托夫和叶戈洛夫
宇宙57号	1965.2.22	175/511		模拟上升2号飞船轨道飞行试验，入轨后第二圈，飞船出现故障
上升2号	1965.3.18 （1965.3.19）	173/498	5682	载两名航天员飞行 航天员：别里亚也夫和列昂诺夫。列昂诺夫首次出舱活动12 min

总设计师在飞船的总体方案设想 [6] 中写道："在东方号飞船的基础上研制能乘坐三名航天员的多座位飞船上升号。后者保持东方号飞船的基本技术方案不变，只是将返回舱内部设备做必要的调整，以实现在座舱内能乘坐三名航天员：去掉弹射座椅，安装三个座椅；某些船上系统做修改和增补某些设备。"

文献 [6] 还规定飞船的主要指标如下：

飞船乘员数——3人；

运行轨道——近地点高度180 km、远地点高度240 km；

飞行时间——从一圈到一天；

着陆方式——航天员坐在座舱内着陆；

运载火箭——上升号运载火箭；

飞船轨道质量——约5.5 t。

上升号飞船的主要性能参数如表2-1所示。上升号飞船与东方号飞船的不同之处将在下面各节分别叙述。

2.2 上升2号飞船的构型

上升号飞船是在东方号飞船的基础上改进而成的。1965年3月发射的上升2号飞船的构型如图2-11所示。由于上升2号飞船要执行航天员舱外活动任务，所以在该飞船上增设了气闸舱、操纵气闸舱工作程序和航天员走出舱外进入太空的控制系统。

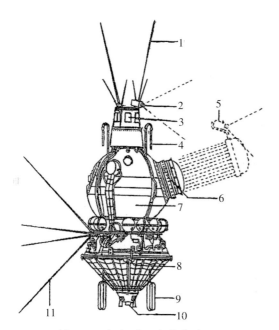

1,9,11. 通信天线
2. 电视摄像机
3. 备份制动发动机
4. 遥控天线
5. 照相机(由航天员固定)
6. 可伸展的出舱闸道
7. 返回舱
8. 仪器舱
10. 制动发动机

图2-11　上升2号飞船的构型

2.3 上升号飞船相对于东方号飞船的改进

（1）去掉弹射座椅（包括救生包和航天员降落伞）、去掉航天服及其通风设备。为了能在原来东方号那样的座舱空间里挤进三名航天员，上升1号飞船取消了体积较大的弹射座椅，换上了三个带有减震装置的座椅。如果航天员穿着比较庞大而笨重的航天服就挤不进这个座椅，因此只能穿普通的飞行服坐在座椅上。航天员只能坐在座舱内着陆，而不能用弹射座椅将航天员弹射到舱外分别着陆。

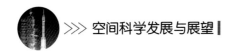

返回舱乘两具主伞下降，如果着陆反推发动机不工作，其垂直着陆速度为10 m/s，此时，着陆冲击载荷大部分由座椅的减震器来吸收。座椅在航天员肩部附近的减震器的行程为200~300 mm，这样使座舱的着陆冲击过载减少到20g~30g，作用时间约0.5 s。这样强度的冲击过载，航天员是可以耐受的。

上升2号飞船中的航天员，有一人有出舱活动任务，必须穿着舱外航天服。因此该飞船减少了一个座椅，只乘两名航天员。

（2）增设备份制动火箭发动机。上升号飞船的运行轨道较高，轨道飞行时间只有一天，万一制动火箭发动机点不着火，不能指望依靠其轨道的自然衰减来实现返回。的确，在那么狭小的座舱里要挤进去三名航天员确实不舒服，生命保障系统和环境控制系统的负荷很重，在轨道上飞行时间不能太长。

为了确保在返回时飞船能及时、可靠地转入返回轨道，除了东方号飞船原有的制动火箭发动机外，还增设了一台备份制动火箭发动机。

备份制动火箭发动机是一台固体推进剂发动机，总质量（包括装药）143 kg，其中推进剂87 kg；总冲量192 kN·s，燃烧时间约2 s，最大推力120 kN；通过绑带固定在返回舱的顶部，由航天员手动控制点火。

（3）改为降落伞–着陆反推发动机系统。上升号返回舱质量为2 800~3 100 kg，比东方号返回舱质量增加了许多，因此着陆系统不仅降落伞系统做了重大修改，而且在着陆前还增加了着陆反推发动机，组成降落伞–着陆反推发动机系统，实现"软着陆"。

降落伞系统在东方号降落伞系统的基础上，增加了一具主伞，即主伞系统由两具面积为574 m²（总面积为1 148m²）的主伞组成，保证返回舱以7.4±0.3 m/s的垂直速度着陆。如果有一具主伞失效，则返回舱乘单具主伞着陆，着陆速度约为10.5 m/s。

着陆反推火箭发动机与减震器相比具有大得多的缓冲行程，因而在缓冲过程中的冲击过载较小，缓冲效果明显。根据理论分析，当返回舱乘主伞的下降速度不超过19.5 m/s时，"降落伞–着陆反推发动机"系统的总质量以着陆反推发动机在14 m高度点火时为最轻，约为返回舱总质量的3%。但是，在这种情况下，万一着陆反推发动机发生故障，返回舱加速坠落，着陆冲击过载过大，危及航天员的安全。因此，在设计降落伞–着陆反推发动机系统时，一般保守地取着陆反推发动机的点火高度在1 m左右；同时还要考虑到着陆反推发动机失效时，利用其他辅助减震装置，如座椅减震器，使着陆冲击过载不超过人体的耐受范围。这样，虽然降落伞–着陆反推发动机系统的总质量要比上述最佳系统重20%，但航天员的安全得以确保。

上升号飞船降落伞–着陆反推发动机系统的工作程序如下（见图2-12）：

当返回舱下降到5 000±500 m高度时，膜盒式高度控制器发出指令，伞舱舱盖弹射分离，同时引导伞开伞；后者又拉出减速伞。经过18 s后，高度降低到3 100±500 m时，减速伞分离飘去，同时拉出两具主伞。减速伞分离后12±0.5 s，向下伸出触杆式触地开关的触杆；再经过5±0.5 s后，触地开关的电源母线接通，处于待命工作状态；返回舱接近地面时的下降速度（带主伞）为7.4±0.3 m/s。当返回舱下降到距地面1 m的高度

图2-12 上升号飞船降落伞–着陆反推发动机系统工作程序示意图

1. 再入开始 2. 弹射降落伞舱舱盖 3. 引导伞开伞，拉出减速伞 4. 返回舱乘减速伞下降 5. 减速伞分离 6. 主伞开伞，着陆反推发动机点火 7. 着陆反推发动机工作完毕，返回舱以0.2 m/s的名义速度着陆

时，触杆接触地面，触地开关闭合，着陆火箭点火工作，返回舱以0.2 m/s的名义速度着陆；同时，两具主伞各有一根连接绳分离，主伞伞衣瘪掉，不致被地面风吹起张满而拖曳返回舱。如果是在水上溅落，则所有的四根主伞连接绳都脱开分离，返回舱不至于被降落伞拖入水底。

着陆反推发动机固定在主伞连接绳与返回舱之间（见图2-13）。每具主伞各有两根连接绳（吊带），分别通过燃气解锁螺栓固定在着陆反推发动机上端的耳片上。解锁螺栓是火工装置。在返回舱着陆时，由航天员手动控制，将一只解锁螺栓通电动作，两具主伞各有一根连接绳分离。如在水上着陆，则两只解锁螺栓都动作。

着陆反推发动机下端有四个喷口，其轴线与发动机轴线呈30°夹角；下端中心有连接索与返回舱顶部相连接。

着陆反推发动机工作由触杆式触地开关控制［见图2-13（c）］。这是一种机械式高度控制器。触杆由两条薄钢带组成，其两侧边缘互相固定牢，伸直时中间呈空心状，有一定刚度。触杆像钢卷尺那样卷在滚筒上。在释放时首先由弹射器（火工装置）弹掉盒盖。解锁螺栓动作，滚筒解锁从壳体中坠出；触杆靠自身弹性伸直。当触杆下端接触地面时，上端顶住行程开关，接通着陆反推发动机点火电路。

（4）上升2号飞船增设了出舱闸道。在上升2号飞船座舱的侧壁，安装了一个可伸展的出舱闸道（见图2-11）。出舱闸道外径为1 200 mm，内径为1 000 mm；收缩后的长度为700 mm，展开后的长度为2 500 mm。两端各有一个密封闸门。下端闸门朝座舱内开，直径为650 mm；上端闸门朝闸道外开，直径为700 mm。闸道系统总质量250 kg。

飞船入轨后的第一圈末至第二圈初，闸道展开，航天员穿着专用软结构式舱外航天服，通过闸道到舱外活动，活动时间持续10~25 min，航天员连接飞船的脐带式安全绳索长5 m。航天员舱外活动完毕后返回座舱，

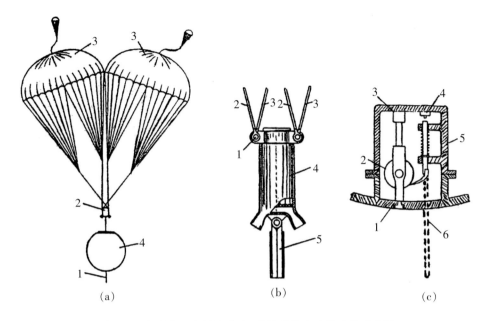

图2-13　上升号飞船的降落伞-着陆反推发动机系统示意图

(a) 降落伞-着陆反推发动机示意图:1.触地开关的触杆　2.着陆反推发动机　3.主伞
4.返回舱

(b)着陆反推发动机安装位置:1.主伞连接绳固定在耳片上(通过解锁螺栓)　2.一号主伞的
连接绳　3.二号主伞的连接绳　4.着陆反推发动机　5.与飞船的连接索

(c) 触杆式触地开关:1.可分离的盒盖　2.滚筒　3.燃气解锁螺栓　4.行程开关　5.壳体
6.触杆

关闭舱门后将出舱闸道抛去。

　　1965年3月18日,上升2号飞船载着别利亚耶夫和列昂诺夫两名航天员
进入轨道。列昂诺夫通过闸道出舱活动约24 min,实现了世界上首次太空
行走 (见图2-14和图2-15)。

　　(5) 上升号飞船低空救生措施没有落实。文献[6]指出,上升号飞船从
准备起飞起到起飞后44 s的阶段,由于没有弹射座椅,在出现应急情况时
只能采用联盟号飞船的那种逃逸塔式救生方法。因此总设计师科罗廖夫要

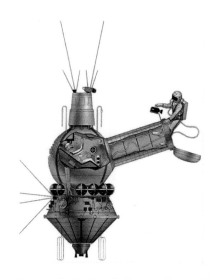

图2-14 上升2号飞船航天员列昂诺夫
正在出舱

图2-15 航天员列昂诺夫从上升2号飞
船出舱,实现了世界上首次太
空行走

求加速研制联盟号飞船的逃逸塔式应急救生系统。

看来是由于进度赶不上竞争的要求,在上升号飞船的两次轨道飞行中,都没有安装逃逸塔系统。也就是说万一从起飞起到起飞后44 s这个阶段,出现危急情况,飞船没有任何应急救生手段。从这个意义上讲,上升号飞船的飞行,具有相当大的冒险性。

上升号飞船共进行了两次载人飞行。而在两次载人飞行之前,都发射了一艘结构相同的无人试验飞船(见表2-3)。

这里需要提一下,1965年3月19日,在上升2号飞船运行的第16圈即将开始返回程序时,信号指示表明自动调整姿态设备发生故障,飞船被迫多飞了一圈,并改用手动调整返回姿态。结果返回舱降落在彼尔姆州境内的乌拉尔山西坡被大雪覆盖的森林里,离预定在中亚细亚的回收区相距800 km以上,险些出了严重事故。

参 考 文 献

[1] 林华宝.苏联载人飞船技术的发展 [G]//王希季.空间站系列文集第十七集·载人飞船.航空航天部第五研究院,1989.

[2] Королев С П. Основные Положения для Разработки и Подготовки Космического Корабля Восток–В 1960г[D]. // Избранные Труды и Документы Академика Королева. Москва, 1980: стр.419.

[3] 中国大百科全书航空航天卷编写组.中国大百科全书·航空航天卷[M].北京：中国大百科全书出版社,1985.

[4] 刘登锐.擎天英杰——世界航天人物[M].北京：北京航空航天大学出版社,2003.

[5] Королев С П. О Возможности Создания Трехместного Космического Корабля Восход, 1964г [D] // Избранные Труды и Документы Академика Королева. Москва, 1980: стр. 470–476.

[6] 石磊,左赛春.神舟巡天——中国载人航天新故事[M].北京：中国宇航出版社,2009:6,59.

第三章
首次实现空间交会对接和
半弹道式再入的双子星座号飞船

1 双子星座号飞船的研制目的和特点

　　双子星座号飞船是美国的第二代载人飞船。从1965年3月到1966年10月共进行了10次载人飞行。其研制的主要目的是在轨道上进行机动飞行、交会、对接和试验航天员舱外活动等，为阿波罗号飞船载人登月做技术准备。双子星座号飞船重约3.2~3.8 t，最大直径3 m，由座舱和设备舱组成，如图3-1所示。

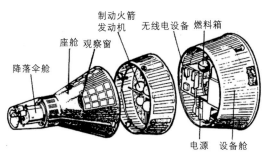

图3-1　双子星座号飞船的组成

　　双子星座号飞船的座舱分为密封和非密封两部分。密封部分内安装有显示仪表、控制设备、废物处理装置和供两名航天员乘坐的两个弹射座椅，还带有食物和水；非密封部分内安装有无线电设备、生命保障系统和降落伞等。座舱前端还有轨道交会用的雷达和对接装置，座舱底部覆盖再入防热结构。

双子星座号飞船的设备舱分为上舱和下舱。上舱中主要安装四台制动火箭发动机，下舱中有轨道机动发动机及其推进剂、轨道通信设备、燃料电池等。设备舱内壁还有许多流动冷却液的管子，因此设备舱又是一个空间热辐射器。

飞船在返回以前先抛掉设备舱下舱，然后点燃四台制动火箭发动机，该发动机熄火后，再抛掉设备舱上舱，座舱再入大气层，下降到低空时打开降落伞，载有航天员的座舱在海面上溅落。

图3-2　在太空中飞行的双子星座号飞船

2 双子星座号飞船是怎样实现半弹道式再入的

将双子星座号的座舱质心偏置纵轴一段距离，使座舱在大气层中飞行时产生一个不大的配平攻角，从而使座舱产生一定的升力，这个升力和同一时刻的阻力之比称作升阻比，根据四次双子星座号飞船飞行的结果，其升阻比为0.10~0.22，在再入过程中通过控制升力的方向，使得最大再入过载降低至$4g$~$5g$。设计的双子星座号飞船座舱在再入过程中的配平攻角如图3-3所示。

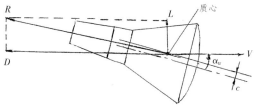

图3-3　双子星座号飞船座舱在再入过程中的配平攻角

图中，双子星座号飞船座舱(返回舱)质心偏离纵轴的距离c=76.22 mm，相应的配平攻角α_{tr}=14°，升阻比L/D=0.19，R为空气动力

· ● 相 关 链 接 ● ·

什么是配平攻角

在飞船返回舱再入大气层过程中，作用在返回舱上的空气对返回舱产生压力，这些压力可以合成对返回舱任何一点的一个力和一个力矩。但是，对于一定的飞行马赫数，在返回舱上有这样的一个点，对该点求合力时只有合力R，而没有力矩（即力矩为零），这个点叫作空气动力中心。设返回舱的飞行速度为V，V和返回舱纵轴的夹角是α，称作攻角，如果在某一个攻角α_{tr}下产生的空气动力R正好在质心和气动力中心延长线方向，那么，作用在返回舱上的力就只有空气动力R而没有空气动力力矩（气动力力矩$M=0$），那么α_{tr}就称作配平攻角。在配平攻角状态下，理论上不需要有作用在返回舱上的其他力矩，飞船返回舱就可以保证在配平攻角状态下飞行。空气动力R可以分解为沿速度V反方向的力D和垂直于V方向的力L，D被称为阻力，L被称为升力。图3-3中的升力L是在纸面内的，如能控制返回舱绕速度矢量V旋转，则可以控制作用在返回舱上的升力的水平分量和铅垂分量的大小和方向，这样就可以控制返回舱的再入轨道，使双子星座号飞船返回舱的再入过载峰值降至4g~5g，并控制返回舱下降至约20 km高度停控点的地理位置。

3 双子星座号飞船的应急救生方案是怎样的

（1）在发射台上及发射段的低、中空阶段，由弹射座椅将航天员与飞船分离然后降落在地面。

这种救生方案为敞开式弹射座椅，在逃逸过程中座椅仅对航天员身躯提供支撑，对四肢和头部提供约束，未能防御过载的作用、气流的吹拂和气动热的伤害。航天员只靠密封头盔和航天服给予保护，其防御能力很薄弱。因此，敞开式弹射座椅的使用，原则上仅限于选用自燃推进剂运载火箭在发射台上和飞行高度不是很高的范围内的弹射救生。双子星座号飞船的弹射座椅虽按高到21 km高度的使用条件设计，但在实际使用时按规定被限制在飞行高度为4.5 km以下，这是因为敞开式座椅弹射条件的随机性，如航天员的身材、姿态、航天服的变动以及氧气软管拍打等，使得在高空或高压下弹射不一定有成功的把握。双子星座号飞船的弹射座椅的组件如图3-4所示。

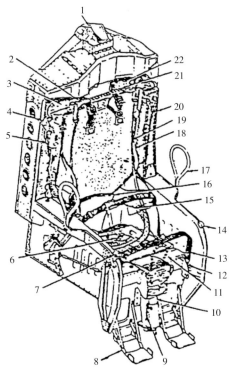

图3-4 双子星座号飞船弹射座椅的组件

1. 火箭弹射筒连接点　2. 降落伞连接绳　3. 救生伞　4. 背板　5. 射伞枪　6. 氧气软管及通信线　7. 控制手柄　8. 脚蹬　9. 人椅分离器　10. 弹射控制　11. D型环　12. 供氧包 13. 腿带　14. 惯性轮控制　15. 腰带　16. 骨盆垫　17. 手背限制器　18. 适合体形的背垫 19. 吊绳组件　20. 救生包　21. 降落伞连接绳与气球伞连接绳存储器　22. 救生船包

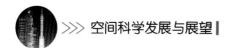

（2）在发射段的高空阶段，一旦出现致命性故障，由飞船上的制动发动机将飞船与运载火箭分离，然后座舱返回地面。

（3）在轨道运行段，一旦出现致命性故障，采用提前返回的救生方式。例如，1966年3月16日发射入轨的双子星座8号载人飞船，在轨道上，由于航天员操作失误，飞船姿态失去控制。不久，发动机电路短路，飞船提前返回。

（4）在制动离轨段，制动火箭发动机由四台发动机组成，若其中一台失灵，飞船仍能返回。

（5）再入阶段无应急救生措施。

（6）在着陆阶段，正常情况下，航天员乘座舱以降落伞减速手段在海上溅落。一旦出现致命性故障（如座舱的降落伞打不开等），则由弹射座椅将航天员与飞船分离，然后人椅分离，航天员降落在地面或海面上。

4 阿金纳火箭

阿金纳火箭是美国研制的运载火箭的上面级（或称末级），其级长（不含整流罩）为7.09 m。

1966年，美国开始使用的大力神3B运载火箭用阿金纳火箭作为第三级用无线电指令制导系统取代惯性制导系统。大力神3B运载火箭起飞前的质量约180 t，可将4.5 t有效载荷（包括双子星座号飞船）送入低地球轨道。

阿金纳火箭由箭体结构、推进系统、制导和控制系统、液压系统、通信系统和电源系统组成。阿金纳火箭的箭体由级间段、尾段、箱体段和前裙段组成。在阿金纳火箭与大力神3B二子级分离时，级间段外壳随大力神3B二子级一起脱落。尾段由锥形发动机架和设备安装架组成，内装有发动机和辅助推进系统及姿态控制气动阀门等装置。箱体段由共底隔开的两个铝合金贮箱组成，燃料箱在上，氧化剂箱在下。箱底各安装一个蓄留器，

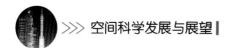

保障发动机再启动的推进剂供给，因此，阿金纳火箭具备发动机多次启动的功能。仪器舱内装有制导和控制系统设备、遥测装置、指令跟踪装置、增压设备电源等。

图3-5　双子星座号飞船与阿金纳火箭交会时的阿金纳火箭外形

当阿金纳火箭作为交会对接任务的目标飞行器使用时，在阿金纳火箭前端需安装对接机构与交会对接的测量装置。阿金纳火箭的在轨外形如图3-5所示。

5　世界上首次实现航天器空间交会对接

1966年3月16日，美国航天员阿姆斯特朗和斯科特乘坐双子星座8号飞船手控操作交会过程，与无人的阿金纳目标飞行器对接，实现了世上首次两个航天器之间的空间交会对接。双子星座8号飞船的座舱如图3-6所示。双子星座8号载人飞船与阿金纳火箭的空间交会对接过程示意图如图3-7所示。

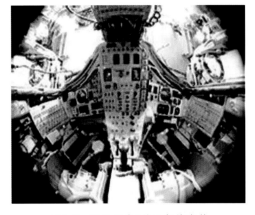

图3-6　双子星座8号飞船的座舱

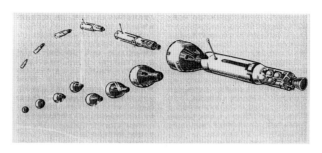

图3-7　双子星座8号载人飞船与阿金纳火箭的空间交会对接过程

　　双子星座8号飞船与阿金纳火箭的对接过程如下：当两者相距300 m左右，相对速度为1.5~3 m/s时，航天员通过手控调整飞船的姿态运动和平移运动，实现了两个航天器的正常逼近，随后阿金纳火箭上的环-锥式对接装置中的被动对接装置与安装在双子星座8号飞船小头一端上的环-锥式对接装置中的主动对接装置接触、校正并锁紧，使双子星座8号飞船与阿金纳火箭连成一个整体。

·●·相关链接·●·

环-锥式对接装置

　　环-锥式对接装置是世界上最早采用的一种对接装置。它由内截顶圆锥形圆环对接机构和外截顶圆锥对接机构组成。前者安装在追踪航天器上，后者安装在目标飞行器上。安装在追踪航天器上的对接机构安装在一系列缓冲器上，能吸收对接过程产生的冲击能量。美国双子星座8号飞船和阿金纳火箭对接时，两个航天器上就安装了这种对接装置。

　　双子星座8号载人飞船与无人的阿金纳火箭对接成功后，以组合体形式一起飞行了0.5 h后，组合体发生了剧烈的滚转，并失去控制。阿姆斯特朗不得不将飞船与阿金纳火箭分离，但飞船仍在滚动。改用手动控制后，才使飞船稳定下来。为确保安全，飞船紧急返回，溅落在海上，两名航天员安全出舱。

那么，为什么双子星座8号载人飞船与阿金纳火箭空间对接成功后以组合体的形式飞行时会突然出现组合体剧烈滚动呢？目前对此故障的原因有两种说法：一种说法是双子星座8号飞船上的某个推力器失灵（或某个推力器原因不明地点火）；另一种说法是双子星座8号飞船上的航天员扳错了开关。

参 考 文 献

[1] 中国大百科全书航空航天卷编写组.中国大百科全书·航空航天卷[M].北京：中国大百科全书出版社,1985:36,60,320-321,454-455.

[2] 李颐黎.航天器的返回轨道与进入轨道设计 [M]//王希季.航天器进入与返回技术(上).北京:宇航出版社,1991:34.

[3] 李惠康,林华宝.载人航天救生技术 [M]//王希季.航天器进入与返回技术(下).北京:宇航出版社,1991:246,251,266.

[4] 戚发轫,李颐黎.巡天神舟——揭秘载人航天器[M].北京:中国宇航出版社,2011:38-39.

[5] 戚发轫,朱仁璋,李颐黎.载人航天器技术[M].2版.北京:国防工业出版社,2003:501-502.

第四章

首次实现载人登月的阿波罗号飞船

1 阿波罗号工程包括哪些内容

阿波罗号工程也称阿波罗计划，是美国于20世纪60年代至70年代初组织实施的载人登月工程。这一工程的目的是实现载人登月并安全返回，以及初步实现人类对月球的实地考察。该工程从1961年5月开始，至1972年12月第六次登月成功结束，历时约11年，耗资超过255亿美元。在工程高峰时期参加工程的有2万多家企业、200多所大学和80多个科研机构，总人数超过30万人。整个阿波罗号工程包括：确定登月方案；为登月飞行做准备的四项辅助计划；研制土星5号运载火箭；进行试验飞行；研制阿波罗号飞船；实现载人登月飞行。

登月方案主要是论证飞船登月轨道和确定载人飞船总体布局，最终从三种飞行方案中选定月球轨道交会方案，相应地确定了由指挥舱、服务舱和登月舱组成的阿波罗号飞船构型。

2 阿波罗号飞船选择了怎样的构型和布局

阿波罗号飞船是由指挥舱、服务舱和登月舱组成的三舱载人登月飞船。

2.1 指挥舱的构型与布局

指挥舱是航天员在飞行中生活和工作的座舱，也是全飞船的控制中心。指挥舱为圆锥形，高3.2 m，质量约6 t。指挥舱壳体结构分为三层：内层为铝合金蜂窝夹层结构，中层为不锈钢蜂窝夹层隔热层，外层为环氧-酚醛树脂烧蚀防热层。舱内充以34.3 kPa的纯氧，温度保持在21~24 ℃。指挥舱分前舱、航天员舱和后舱三部分。前舱内放置对接机构、回收着陆设备等。航天员舱为密封舱，装有三个航天员座椅，存有供航天员生活14天的必需品和救生设备。后舱内装有10台姿态控制发动机，各种仪器和贮箱、制导导航与控制系统以及船载计算机和无线电分系统等。指挥舱的布局如图4-1所示。

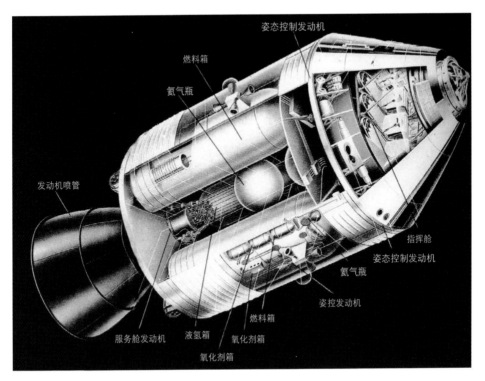

图4-1 阿波罗号飞船的指挥舱与服务舱的构型与布局

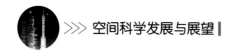

2.2 服务舱的构型与布局

服务舱的前端与指挥舱对接，后端有推进系统主发动机喷管。舱体为圆筒形，高6.7 m，直径4 m，质量约25 t。服务舱采用轻金属蜂窝结构，周围分为六个隔舱，容纳主发动机、推进剂贮箱和增压、姿态控制、电气等系统。主发动机推力达95.6 kN，由计算机控制，用于轨道转移和变轨机动。姿态控制系统由16台火箭发动机组成，它们还用于飞船与第三级火箭分离、登月舱与指挥-服务舱（指挥舱与服务舱的组合体称为指挥-服务舱）对接和指挥舱与服务舱分离等。服务舱的构型与布局如图4-1所示。

2.3 登月舱的构型与布局

登月舱由下降级和上升级组成，地面起飞时的质量为14.7 t，宽4.3 m，最大高度约7 m。

（1）下降级：由着陆发动机、4条着陆腿和4个仪器舱组成。着陆发动机推力可在4.67~46.7 kN范围内调节，发动机摆动范围为6°。着陆腿末端有底盘，上面装有触地传感器。下降级内还装有着陆交会雷达和四组容量为400 A·h的银锌蓄电池。

（2）上升级：为登月舱主体。航天员完成月面活动后驾驶上升级返回环月轨道与指挥舱会合。上升级由航天员座舱、返回发动机、推进剂贮箱、仪器舱和控制系统组成。航天员座舱可容纳两名航天员（但无座椅），有导航、控制、通信、生命保障和电源等设备。座舱前方有舱门，门口小平台外接登月小梯。返回发动机推力为15.6 kN（推力大小不可调），可重复启动35次。姿态控制系统包括16台小推力发动机。仪器舱装有两组容量为296 A·h互为备份的银锌蓄电池。

登月舱的构型及布局如图4-2所示。

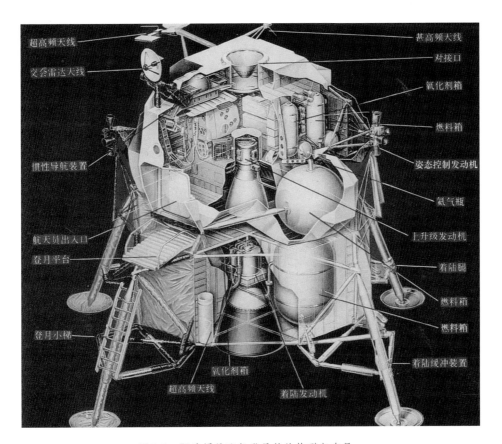

图4-2　阿波罗号飞船登月舱的构型与布局

3 阿波罗号飞船的登月程序及返回程序

　　阿波罗号飞船的登月程序及返回程序如图4-3所示。阿波罗号飞船载人登月和返回的轨道示意图如图4-4所示。

　　下面结合图4-3和图4-4，对阿波罗号飞船的飞行程序及轨道说明如下：

　　首先，携带着阿波罗号飞船的土星5号巨型三级火箭的第一级在发射台上点火，火箭起飞。第一级工作结束后分离，第二级点火工作，火箭加速爬高，当火箭飞出大气层后抛掉逃逸塔。第二级工作结束后分离，第三级点火工作，将飞船送入一个绕地球运行的低轨道后关机。在绕地低轨道

土星5号火箭起飞

逃逸塔分离

指挥–服务舱与第三级火箭及登月舱分离

指挥–服务舱掉头180°

指挥–服务舱与登月舱对接后再与第三级火箭分离

指挥–服务舱与登月舱分离

登月舱降落月面

登月舱上升级飞离月面

登月舱上升级返回环月轨道并与指挥–服务舱对接

指挥舱与服务舱分离，准备再入地球大气层

图4-3　阿波罗号飞船的登月程序及返回程序

上运行几圈后，第三级火箭再次点火，将第三级连同阿波罗号飞船送入奔月轨道。

在飞往月球途中，第三级火箭需再短暂工作几次，以修正飞往月球的轨道。在奔月轨道上，第三级调整姿态，使火箭纵轴与飞行轨道垂直，然后，如花朵开放般地将整流罩打开成4瓣，指挥–服务舱先与第三级火箭及

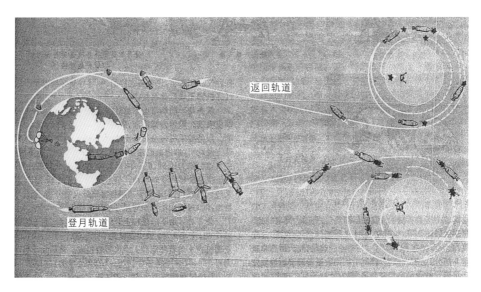

图4-4　阿波罗号飞船载人登月和返回轨道示意图

登月舱分离，指挥–服务舱掉头180°，指挥–服务舱与登月舱对接后，再与第三级火箭分离。如图4-5所示。

　　到达月球附近后，阿波罗号飞船调整姿态，使其尾部朝前。然后择机点燃服务舱的火箭发动机，经几次改变轨道，使阿波罗号飞船在距月面高度约110 km的环月停泊轨道上运行。两名航

图4-5　阿波罗号飞船在飞往月球途中组成的三舱(登月舱、指挥舱和服务舱)构型

天员进入登月舱，一名航天员仍留在指挥–服务舱。登月舱与指挥–服务舱分离，登月舱利用自身的下降火箭发动机工作，使登月舱缓缓下降，并在月球表面软着陆。

　　在月球表面着陆后，穿着舱外航天服的两名航天员走出登月舱，进行月面考察和取样工作。月面考察完毕后，两名航天员回到登月舱，登月舱的上升级飞离月面，回到环月轨道上，并与指挥–服务舱实现交会对接，

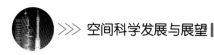

然后两名登月航天员回到指挥-服务舱，登月舱的上升级与指挥-服务舱分离，服务舱上的发动机点火工作，将飞船送到返回轨道。

在返回轨道上，飞船经历几次轨道修正后，在接近地球再入大气层前抛掉服务舱，使指挥舱的圆拱形大底朝前，并控制指挥舱的滚动，使指挥舱在配平攻角附近运动。飞船在强大气动力作用下减速，并瞄准溅落区。在进入低空时飞船打开减速伞，抛掉减速伞后打开三顶主降落伞进一步降低速度，最后飞船在预定海域溅落（见图4-6）。

图4-6　阿波罗号飞船指挥舱在海上溅落

4　阿波罗号飞船登月飞行的纪实

阿波罗11号飞船于1969年7月20日至21日首次实现人类登上月球的梦想。此后，美国又相继六次发射阿波罗号飞船，其中五次成功。总共有12名航天员登上月球。

4.1 阿波罗11号飞船登月飞行

1969年7月16日，由土星5号火箭运载阿波罗11号飞船升空。第三级火箭熄火时将飞船送至环绕地球运行的低高度停泊轨道。第三级火箭第二次点火加速，将飞船送入地-月过渡轨道。飞船与第三级火箭分离，飞船沿过渡轨道飞行2.5天后开始接近月球，由服务舱的主发动机减速，使飞船进入环月轨道。航天员阿姆斯特朗和奥尔德林进入登月舱，驾驶登月舱与母船分离，下降至月面实现软着陆。另一名航天员柯林斯仍留在指挥舱内，继续沿环月轨道飞行。1969年7月21日，阿姆斯特朗走出登月舱，实现了人类首次登上月球的梦想，如图4-7所示。随后，航天员奥尔德林也走出了登月舱，成为第二位登月航天员。两名登月航天员在月面上展开太阳电池阵，安设月震仪和激光反射器，采集月球岩石和土壤样品22 kg，然后驾驶登月舱的上升级返回环月轨道（见图4-8），与母船（即指挥-服务舱）交会对接，随即抛弃登月舱上升级，启动服务舱主发动机使飞船加速，进入月-地过渡轨道。在接近地球时飞船进入再入走廊（见图4-9），抛掉服务舱，使指挥舱的圆拱形大底朝前，在强大的气动力作用下减速（见图4-9），进入低空时指挥舱弹出减速伞，抛掉减速伞后打开三顶主降落伞，进一步降低下降速度，阿波罗11号飞船指挥舱于1969年7月24日在太平洋夏威夷西南海面溅落。

图4-7　人类首次登上月球
（1969年7月21日）

图4-8　登月舱上升级
飞离月球

图4-9　阿波罗号飞船指挥舱返
回地球大气层(绘画)

4.2 阿波罗12至17号飞船的登月飞行

从1969年11月至1972年12月，美国相继发射了阿波罗12、13、14、15、16、17号飞船。其中，除阿波罗13号因服务舱液氧箱爆炸中止登月任务（两名航天员驾驶飞船安全返回地面）外，均登月成功。阿波罗12号从环月轨道上将登月舱上升级射向月面，进行了人工"陨石"撞击试验，引起月震达55 min。阿波罗15和16号在环月轨道上各发射出一颗环绕月球运

图4-10 阿波罗16号飞船的航天员和月球车

行的科学卫星。阿波罗15、16、17号的航天员都曾驾驶月球车在月面活动和采集岩石（见图4-10）。彩色摄像机和通信设备将航天员驱车巡游月面和登月舱从月面起飞的情景实时传回地球。在返回地球途中，航天员还出舱进入太空，把相机和其他设备收回舱内。阿波罗17号飞船首次载运地质科学家参加登月活动。

4.3 阿波罗13号飞船历险记

1970年4月11日下午2时13分，在一阵巨大的轰鸣声中，阿波罗13号飞船在美国肯尼迪航天中心发射升空。飞船上乘坐了三名航天员：指令长洛弗尔、指挥舱驾驶员斯威格特和登月舱驾驶员海斯；其中洛弗尔和海斯是登月航天员，他们计划在月球上一个名为"玛罗兄弟"的高原着陆，并在那里采集岩石标本，供科学家们分析和了解月球结构。

在进入绕地球运行的轨道后，第三级火箭点火工作，将阿波罗13号飞船送入了奔月轨道，开始了为期三天的奔月之旅。在奔月之旅开始不久，阿波罗13号飞船完成了服务舱、指挥舱、登月舱的重新组合，向着三天后月球上的着陆位置进发。

4月13日晚上9时左右，飞船处于奔月轨道的最后阶段时，三名航天员正准备晚间休息，突然，飞船内爆发出巨大的响声。警报器铃声大作，警报灯闪烁不断。坐在驾驶员位置的斯威格特迅速检查眼前的仪表，发现飞船的电能严重耗损，电压系统读数正在下降，同时耳机里传出主控警报器的声音。航天员马上向地面中心发出紧急呼叫，并很快查出爆炸破坏了指挥舱的两个燃料电池，1号和3号燃料电池同时停止了工作，只剩下一个2号燃料电池还在工作，在这种情况下已不可能完成登月旅程。更糟糕的是，2号液氧箱的压力读数为零，1号液氧箱的压力读数也在下降，马上就没有氧气了。原来，阿波罗13号服务舱的2号液氧箱因过热导致爆炸，毁坏了指挥舱的生命保障系统、导航和电力系统。

阿波罗号飞船服务舱上的液氧有如下用途：一是供给航天员氧气以维持生命；二是液氧箱贮存的氧气与飞船燃料电池的氢气进行化学反应，提供飞船所需的电能。若无适量的氧气，燃料电池将无法工作，也就无法向飞船提供所需的电能。

爆炸发生后25 min时，阿波罗13号指挥舱内的氧气只能再供应15 min，三名航天员唯一生还的希望就是躲进登月舱。最后，就在指挥舱中的氧气储量只够用5 min时，登月舱被激活。美国航空航天局最后决定，把登月舱当作救生艇，让阿波罗13号飞船继续朝月球飞行，利用月球引力绕月球半圈后再使用登月舱的动力实现返回地球的加速（见图4-11）。

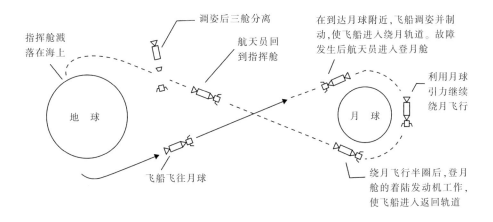

图4-11　阿波罗13号飞船利用登月舱的着陆发动机实现应急返回的返回轨道

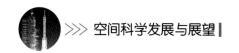

但是，这种应急飞行方式还需要四天才能返回地面。休斯敦的专家组制定出一系列储存电能的方案以及节氧措施。航天员饮水可以从原计划航天员登月使用的生命保障背包中取用。为了节约能量，航天员不得不从指挥舱转移到登月舱，并在地面管理人员的支持下巧妙地解决了飞船内二氧化碳过滤问题。

时间一分一秒地过去，阿波罗13号飞船离月球越来越近了，航天员开始为登月舱所有系统供电，为即将到来的发动机点火做准备。飞船飞到月球背面的时候，阿波罗13号与地面中心失去了联系，这种状况持续了近半小时。在恢复联系的时候，阿波罗13号飞船已经开始返航了。

终于到了登月舱发动机点火的时刻。在登月舱里，指令长手动启动登月舱发动机点火。发动机熄火后，阿波罗13号飞船开始奔向返回地球的轨道。与此同时，三名航天员开始想办法降低登月舱的能量消耗，为后面的返航操作储备剩下来的有限能源。到了4月14日，他们开始轮流休息，但指挥舱的气温已降到接近10 ℃，而且越来越冷，怎么也睡不着。休斯敦当地时间上午10时30分，在经过近一个多小时准备之后，登月舱发动机再次点火工作。此次点火工作非常成功，熄火后将阿波罗13号飞船送入预定轨道，再过40 h飞船就可以在太平洋溅落。

4月16日清晨，斯威格特开启了登月舱的电源，开始给指挥舱重返大气层时用的蓄电池充电。充电时间持续了15 h。由于降低登月舱能耗的措施进行得相当成功，为指挥舱蓄电池充满电能提供了保障。

4月17日，飞船进入大气层前，航天员将服务舱和登月舱全部抛掉，乘坐指挥舱返回了地球，飞船成功地在太平洋上溅落，三名航天员生还。

在地面工程技术专家的周密计算和策划下，三名航天员以顽强的意志战胜了恐惧、寒冷、黑暗、疲劳等困难，成功地实现了阿波罗13号飞船应急返回地球和航天员应急救生。

5 阿波罗号飞船下降到月球表面的轨道是怎样的

航天器沿下降轨道在无大气层的天体（如月球）上软着陆时，要求到达天体表面的速度接近于零。由于天体无大气层，无法利用大气阻力使航天器减速下降，因此只能利用主动的制动推力（一般是火箭发动机的推力），使其逐步减速、下降，最后实现软着陆。

那么，载人月球考察软着陆下降轨道的设计特点，特别是美国阿波罗号飞船的月球下降轨道的设计特点是什么呢？下面将做介绍。如无特殊说明，本节中的轨道参数是指阿波罗11号飞船的。

5.1 下降到月球的轨道的分段

载人飞船下降到月球的轨道，一般可以分为停泊轨道段、下降轨道机动段、无动力下降段、动力下降段四个阶段。

5.1.1 停泊轨道段

执行载人月球考察的航天器在到达月球附近时，首先通过变轨到达一条停泊轨道上。它是一条绕月球运行的、近圆形的轨道（见图4-12），采用停泊轨道的主要目的之一是为了降低能量消耗，也就是说将该航天器在返回地球时才用得着的有效载荷及推进剂留在途中（即留在停泊轨道上），在月球考察完毕后在途中再"捡"回来。例如，阿波罗号飞船采用将指挥–服务舱留在月球的停泊轨道上、登月舱在月球上着陆的方式，待月球考察完毕要返回地球时，登月舱的上升级载乘员从月球表面起飞，与留在停泊轨道上的指挥–服务舱在轨道上交会对接，然后返回地球。这样，无须使指挥–服务舱在月球上着陆，从而大大节约了能量。

当阿波罗号飞船要执行月球着陆任务时，首先，两舱（指挥–服务舱和登月舱）解锁、分离，然后，待登月舱在停泊轨道上运行到适当位置时，开始转入下降轨道机动段，如图4-12所示。

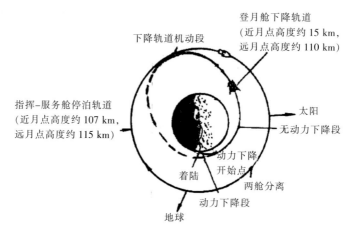

图4-12　登月舱从月球停泊轨道上下降

5.1.2 下降轨道机动段

下降轨道机动段是登月舱实施霍曼变轨的机动飞行（有动力飞行）段。该阶段结束时登月舱从停泊轨道转到一条近地点高度较低的无动力下降段轨道。

5.1.3 无动力下降段

无动力下降段是一条远月点高度约为110 km、近月点高度约为15 km的运行轨道段。登月舱沿这条轨道约从远月点下降到近月点，然后从近月点开始转入动力下降段。采用在两个动力段（即下降轨道机动段和动力下降段）之间加个无动力下降段的方案，一般比从停泊轨道连续采用有动力下降的方式更节省能量。

5.1.4 动力下降段

在这一段，登月舱是在连续的有动力作用的情况下，不断地降低速度和高度，同时导引到着陆点，最后以接近于零的速度降落在月球指定地区。

5.2 下降轨道机动段

登月舱从停泊轨道（该轨道的远月点高度约为115 km，近月点高度约为107 km）下降的情况如图4-12所示，在登月舱离开指挥-服务舱一定安全距离后，进行下降轨道机动。下降轨道机动采用霍曼变轨方式，即下降机动发动机推力方向与登月舱的速度方向相反，下降机动发动机工作（在短时间内）后，使登月舱的速度减小23 m/s；于是，使登月舱沿远月点高度为110 km、近月点高度为15 km的轨道向近月点运动。因为在月球上软着陆的点是事先选好的，所以，这次下降机动时，发动机熄火点就不能是任意的，它要选择在与动力下降段开始点的地心张角为180°的地方。动力下降段开始点取在无动力下降段的近月点，其高度为15 km。那么，为什么近月点高度要取15 km呢？这是因为如果近月点高度远远高于15 km，则从这一高度连续地动力下降将使得总的推进剂的消耗量增多。而如果将近月点高度取在低于15 km的高度，则由于在下降轨道机动时给出速度增量的误差可能造成无动力下降段轨道的近月点高度小于零（例如，如果下降机动发动机使登月舱的速度多减小5 m/s，即多工作3 s，就会造成无动力下降段轨道的近月点高度小于零，即登月舱在到达动力下降段开始点之前，就已撞在月球表面上），因此，从兼顾节省能量和保证安全出发，选取近月点高度为15 km，并以此作为设计下降轨道机动段的依据。

5.3 动力下降段

动力下降段又可以分为以下三个阶段（见图4-13）：第一个阶段叫制动段，这一段轨道是按以推进剂消耗最少的原则设计的。第二阶段叫接近段，这一段的设计标准是在登月舱接近月球表面的过程中驾驶员能进行视觉监测（即看得见登月舱舱窗外的地貌）而设计的。最后一个阶段，也就是着陆段，这是为了使航天员能连续地观测、选择和评价着陆点，并使驾驶员在登月舱最后接触月面的着陆过程中，能协调地由自动控制转为手动控制而设计的。下面将对这三个阶段的某些特点做更详细的介绍。

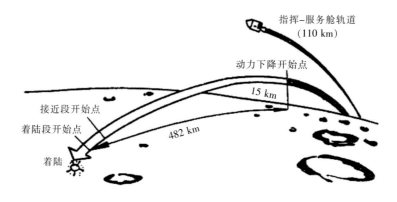

阶段	初始事件	设计标准
制动段	动力下降开始点	使推进剂消耗最少
接近段	接近段开始点	乘员的视度
着陆段	着陆段开始点	手动控制

图4-13 登月舱的动力下降段

5.3.1 制动段

阿波罗11号登月舱的动力下降段的按比例绘制的高度-航程图，如图4-14所示。预定的着陆区在静海，预定的着陆区的中心是纬度0.6 °N、经度23.5 °E的地点。对在制动段期间所发生的主要事件已在图4-14中予以说明，并在表4-1中一一列出。现对此做如下说明：制动段是在靠近无动力下降段轨道的近月点（约15 km高度）、距着陆点有预先选定的航程（约482 km）的地方开始的。这点是动力下降的起始点，即下降推进系统主发动机的点火点。点火之前，为了使下降推进系统推进剂箱中的推进剂沉底，而使反作用控制发动机以小流量工作了7.5 s。下降推进系统主发动机点火时，将节流阀调至额定流量的10%，并在这一节流位置上维持26 s的时间，这样，就能够在节流阀达到其最大开启位置（或被确定的节流阀位置）之前，将下降推进系统发动机万向架的纵轴调整到通过登月舱的质心，以最大限度地减小干扰力矩。制动段是为了使登月舱从轨道速度（约

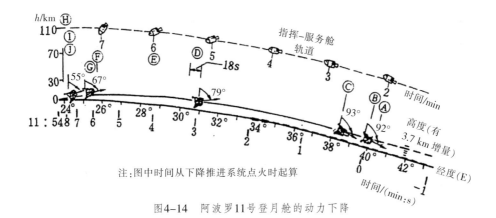

注:图中时间从下降推进系统点火时起算

图4-14　阿波罗11号登月舱的动力下降

表4-1 阿波罗11号任务的动力下降事件摘要

事　件	时间[1]/(min:s)	惯性速度[2]/(m/s)	高度变化率/(m/s)	高度/m	ΔV[4]/(m/s)
A. 小流量推进剂工作	−0:07				
B. 动力下降点火	0:00	1 695	−1	14 879	0
C. 节流阀到最大推力	0:26	1 685	−1	14 851	9
D. 舱窗到位的旋转	2:56	1 219	−15	13 696	479
E. 着陆雷达高度修正	4:18	934	−27	11 948	773
F. 节流阀开始节流	6:24	444	−32	7 510	1 292
G. 着陆雷达速度修正	6:42	401	−39	6 902	1 341
H. 接近段开始	8:26	154	−44	2 291	1 638
I. 着陆段开始	10:06	17(21)[3]	−5	156	1 882
J. 探针接触月面	11:51	−5(0)[3]	−1	4	2 065

①从下降推进系统主发动机点火时刻为零起算。

②指登月舱相对于月心惯性坐标系（不随月球自转而转动的坐标系）的速度。

③括号内的数字表示登月舱相对于月面的水平速度。

④下降推进系统提供给登月舱的速度增量。

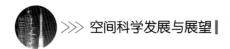

1 695 m/s）大幅度地减小而设计的。因此，在这段的大部分时间采用了最大推力。然而，为了使总冲量偏差和轨道偏差控制在较小值范围内，在这段的最后2 min内，下降推进系统主发动机是在节流的状态下工作的。在下降的初期，推力轴的指向是由驾驶员判断和决定的。阿波罗11号按舷窗朝下的姿态定方位，以便目视月面轨迹，并做横向导航修正。在高度约降到13.5 km时，将登月舱旋转到舷窗朝上的姿态，以使得着陆雷达能够获得对月球表面的跟踪数据，用来修正制导计算机对高度和速度的估计值，按计划，在到达约11.9 km高度时开始进行高度修正，在到达约6.9 km的高度时开始进行速度修正。

当由制导系统计算出的预计到达目标的时间减至3 min25 s时，为制动段终点。该点约在高度为2.3 km，距着陆点为8.3 km处。该点时间从下降推进系统点火算起为8 min26 s。

5.3.2 接近段

在接近段，要使得驾驶员在接近月球表面的过程中能进行目视监控。也就是说，制导的目标是使得在该段飞行时间内，登月舱要保持一定的姿态，从而允许乘员在整个阶段内通过朝前的舷窗对着陆区进行观察。在本段开始时，还要求制导计算机自动地转换程序，使得从使用原来一组着陆雷达天线转换到使用另一个位置上的另一组着陆雷达天线，以便在接近月球表面时进行工作。在此段，相对于月球表面的弹道接近角（即滑翔角）约为16°；选取这一角度是为了使对着陆区观察的视线在太阳角的上面，即使到3σ偏差的情况也是这样（太阳角的标称值为10.9°，最大值为13.6°）。滑翔角是需要大于太阳角的，这是因为如果沿着等于或低于太阳线观察时，会看不清月球表面的面貌。在接近段高度从2.3 km降至156 m，距离从约8.3 km减至610 m，飞行时间约1 min40 s。在高度约为156 m时接近段结束，着陆段开始。

5.3.3 着陆段

在着陆段，登月舱的驾驶员可连续地对着陆点进行目视评价，并具有将登月舱从自动控制状态转到驾驶员控制状态的能力。在着陆段开始时高度约为156 m，向前的速度为18 m/s，垂直下降速度为4.9 m/s，推力方向与当地垂线的夹角为16°。上述条件使得登月舱已具备从自动控制转换为手动控制的能力。这一条件还能够进一步得到接近段与着陆段共同的目标，即登月舱能够满足开始自动垂直下降的条件，这一条件是高度为46 m、垂直下降速度为0.92 m/s。假如驾驶员连续地用自动制导，在预计还有10 s到达目标时，将自动启用"最终速度为零"的制导程序，以维持垂直下降到月面的速度。当从着陆舱下部的底面伸出的1.7 m长的探针与月面接触时，发出一光信号，这一信号告诉驾驶员不论当时是要使用自动制导还是手动制导，都必须用手动方式关掉下降推进系统。

5.4 登月舱的着陆精度

在阿波罗11号飞船任务前，对其着陆位置的散布进行了估计。按照蒙特–卡洛方法分析的这些散布是在包括了登月舱全部系统的性能偏差的情况下得出的。根据这些分析得出：该着陆区为一个椭圆，该椭圆的长轴在轨道平面内，其值为13.4 km，短轴在垂直于轨道平面内，其值为2.6 km，登月舱的标称着陆点（即预定着陆点在该椭圆的中心），登月舱落入该椭圆内的概率为99%。阿波罗11号飞船实际飞行时，虽然由于初始导航误差引起登月舱着陆在靶区的靠后部位、距标称着陆点约6.3 km处，但是这一实际的着陆点仍在任务前所绘制的着陆区范围内。

根据阿波罗11号飞船飞行后分析的结果，对阿波罗12号飞船下降到月球的计划做了两项主要的变更。第一项变更是在制动段初期着陆点导航修正方面的规定，以便提高定点着陆的能力；第二项变更是对下降瞄准的一些限制，以便在接近段与着陆段提高着陆点重新选择和手动转换的能力。

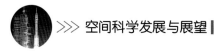

在阿波罗12号飞船实际下降到月球表面的飞行中，使用了着陆点导航修正和重新选择能力，连同手动机动，实现了首次定点着陆，实际着陆点与标称着陆点间的距离没超过183 m。

● ● 相关链接 ● ●

什么是停泊轨道

航天器为了转移到另一条轨道而暂时停留的椭圆形或圆形轨道叫作停泊轨道。停泊轨道按中心体的不同而分为地球停泊轨道、月球停泊轨道和行星停泊轨道。月球停泊轨道可以用于选择下降轨道机动段的起始点，同时也可为航天器飞往下降轨道机动段之前提供一个全面检查航天器各系统可靠性的机会。

什么是霍曼轨道？什么是霍曼变轨

与两个在同一平面内的同心圆轨道相切的椭圆过渡轨道叫作霍曼轨道。1925年W·霍曼首先提出这条过渡轨道，故称作霍曼轨道，如图4-15所示。在限定只用二次脉冲推力的情况下，一般这是最省能量的过渡轨道，但飞行时间和飞行路线较长。从低轨道向高轨道过渡的过程，要做两次加速；从高轨道向低轨道过渡，则要做两次减速。加速和减速都在霍曼轨道与圆轨道的两个切点进行。为实现霍曼轨道而进行的轨道改变叫作霍曼变轨。

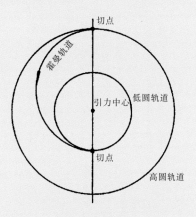

图4-15　霍曼轨道

5.5 以第二宇宙速度再入地球大气层的阿波罗号飞船的返回轨道是怎样设计的

美国的阿波罗号飞船是以约第二宇宙速度返回的载人的半弹道式再入航天器。

阿波罗号月球飞行的研究计划对阿波罗号飞船提出了苛刻的再入条件。其中主要有：

(1) 以约11 km/s的超圆轨道速度再入地球大气层。

(2) 允许着陆点变化（而再入点位置在飞行前已被确定），由于飞行时间长，应按照避开某些不良气象条件的要求而改变着陆点。

(3) 对再入飞行路径角的控制精度为±0.4°。

上述这些条件所要求的阿波罗号飞船的指挥舱（即它的返回舱）具有的大气机动能力是：

(1) 防止指挥舱在过低的飞行路径角下弹跳出大气层。

(2) 防止指挥舱在过高的飞行路径角下出现过高的大气减速度。

(3) 对于返回轨道在其最大设计偏差范围内的任何再入飞行的初始条件，为避开不良气象条件的着陆点，需能提供一定的机动飞行能力。实际上，阿波罗号飞船的指挥舱的机动能力与制导系统相结合，可以在2 800~4 650 km再入航程（从再入点至溅落点的航程）任意选择着陆点。

通过升力的产生（升阻比$L/D \neq 0$）和使用反作用控制系统控制再入期间升力的方向，为阿波罗号飞船的指挥舱提供了所要求的再入机动能力。再入走廊宽度随配平升阻比以及允许的最大过载的变化如图4-16所示。

图4-16表明，在$L/D=0$时，惯性再入角的容许变化范围很小（小于所要求的阿波罗号飞船指挥舱制导系统的±0.4°的精度）。阿波罗号飞船指挥舱设计要求L/D的范围为0.25~0.4。而气动力设计的目标值约为0.30。在阿波罗2号、阿波罗4号和阿波罗6号飞船再入飞行期间，由指挥舱上惯性器

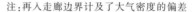

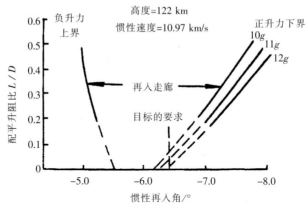

图4-16　再入走廊宽度随配平升阻比L/D及允许的最大过载(g)的变化

件实测的过载值可换算出它们的升阻比数据。根据这些数据提出了阿波罗7号指挥舱的L/D的预示值随飞行马赫数Ma的变化，如图4-17所示。

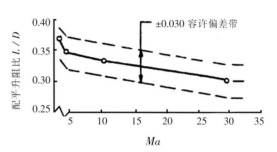

图4-17　阿波罗7号指挥舱L/D的预示值

典型的阿波罗号飞船指挥舱的返回轨道的再入段可分为以下四个阶段，如图4-18所示。

（1）初始阶段：保证指挥舱按预定要求进入再入走廊，既要避免出现大的再入过载峰值，又要通过这段飞行使飞船达到一定的减速要求。

（2）第二阶段：控制飞船指挥舱飞出大气层的速度和速度方向角以及地点，使指挥舱在最后阶段能够导向目标，在跳出大气层前，必须将指挥舱的超圆轨道速度大幅度地

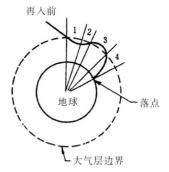

图4-18　典型的阿波罗号飞船指挥舱的返回轨道的再入段

1. 初始阶段
2. 第二阶段
3. 跳出大气层阶段
4. 第四阶段

降低（一般降至等于或小于圆轨道速度），以便使最后阶段的再入过载值不致过大。

（3）跳出大气层阶段：利用这个阶段可使航程增加，如果要求实现短航程，那么，可取消这一阶段。

（4）第四阶段：指挥舱沿下降的轨道，在升力控制下，导向目标点。

6 阿波罗号飞船的逃逸系统是怎样设计的

阿波罗号飞船的逃逸系统是保证发射段在运载火箭第二级点火前具有一旦出现故障可使指挥舱内航天员迅速逃逸的系统。

6.1 逃逸系统概况

阿波罗号飞船的逃逸系统类型与水星号飞船的相似，同属逃逸塔型。它们仅在复杂程度上有所差别。

阿波罗号飞船的逃逸系统是半自动的，这一系统能发现缓慢地导致整个飞行计划失败的故障，并在显示板上把这种故障显示出来，使航天员可以做出应急处理的决定。当逃逸系统发现有很快会引起运载火箭断裂的故障时，系统还能自动进行应急处理。

阿波罗号飞船逃逸系统的任务是，在土星5号与阿波罗号飞船竖在发射台上至二级成功点火（飞行高度为91.44 km，飞行马赫数为10）期间发生故障时，使航天员脱离危险区，并提供必要的着陆条件。

阿波罗号飞船逃逸系统与指挥舱共同组成逃逸飞行器（见图4-19）。逃逸系统保证在第二级点火之前一直具有逃逸能力，在该处动压已低到可以利用服务舱的发动机进行应急返回。为了尽量减小对运载能力的影响，一旦服务舱可以提供应急返回的能力，逃逸塔立即被抛掉。启动逃逸系统的工作信号由故障检测系统（包括箭上和地面的）发出。运载火箭的故障

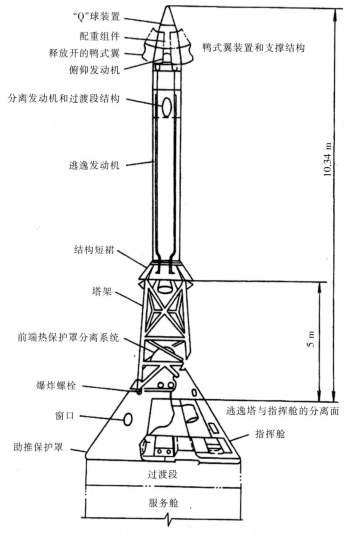

"Q"球装置
配重组件
释放开的鸭式翼
俯仰发动机
鸭式翼装置和支撑结构

分离发动机和过渡段结构

逃逸发动机

10.34 m

结构短裙

塔架

前端热保护罩分离系统

爆炸螺栓

窗口

助推保护罩

逃逸塔与指挥舱的分离面

指挥舱

过渡段

服务舱

5 m

图4-19　阿波罗号飞船的逃逸飞行器的构型

检测系统监测着火箭的各种参数是否超过临界值，并将故障情况显示给航天员，向航天员指出采取应急措施的必要性。

在火箭起飞30 s以后发生逃逸时，故障检测系统使运载火箭发动机关闭。在火箭起飞30 s之内发生逃逸时，出于发射场安全考虑，禁止运载火箭关机。

在进行阿波罗号飞船逃逸系统研制时，运用了一个非常重要的指导思想，即当时间比较充分的时候，由航天员决定逃逸系统工作比自动系统决定逃逸系统工作有利。因为自动逃逸系统无论设计得有多可靠，总代替不了航天员的逻辑思维、判断和分析能力。然而运载火箭的某些故障情况使航天员没有足够的时间进行判断并做出反应，在这种情况下由系统自动启动逃逸。

逃逸系统由鼻锥，鸭式翼装置，逃逸、分离、俯仰发动机，结构短裙，塔架，塔与指挥舱分离装置，助推保护罩，前热防护罩分离和滞留装置，程控装置等组成。逃逸系统和指挥舱共同组成逃逸飞行器。

6.2 逃逸系统的设计要求

6.2.1 任务要求

逃逸飞行器（LEV）的构型如图4-19所示。根据不同工作区域的特点，逃逸可分为四种情况，即发射台逃逸、跨声速逃逸、最大动压逃逸和高空逃逸。

在发射台逃逸时，逃逸距离与时间的历程以及落点要满足安全距离和伞系统的耐热要求，同时，最低高度和动压也要满足开伞要求。

在跨声速逃逸时，逃逸飞行器分离后在指挥舱和服务舱之间的气流形成了负压区，这个负压区增加了逃逸飞行器分离的阻力，这种影响直到两个分离体之间的距离大约为3.66 m（大约等于指挥舱直径）时，才有缓解（见图4-20）。这种情况确定了逃逸飞行器的最小推重比（即推力和质量之比）。

最大动压逃逸时，逃逸发动机的喷流对指挥舱锥面造成的冲刷最为严重。在这种情况下，从一种姿态发散的运载火箭上逃逸时，膨胀的喷流、高动压以及攻角变化的联合作用对指挥舱产生了严重的载荷条件。为了减少在这种情况下逃逸时所付出的结构质量代价，选择合适的逃逸初始攻角、姿态角速率和逃逸飞行器的稳定裕度是非常必要的。在21 km高度以

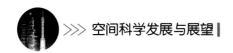

下，气动稳定性可以防止逃逸飞行器翻滚。在更高空，气动稳定性便不起作用了。逃逸发动机推力矢量线相对于逃逸飞行器质心的偏差和飞行器的初始角运动便造成逃逸飞行器的翻滚。

在接近21 km高度时，较大的推力矢量和质心之间的偏差可引起逃逸飞行器的翻滚。由于动压较低，产生的加速度没有超过航天员的生理极限，但是产生了一个可观的喷流载荷作用在指挥舱上。

在更高的高度上，逃逸发动机喷流充分膨胀，但即使将指挥舱包围起来也不会产生严重的载荷条件。在逃逸系统正常分离之前，逃逸飞行器将经历几分钟的大气层外弹道式飞行，在这段时间的主要问题是保持正确的姿态和角速度，避免在再入时产生的过载超过航天员的生理极限。

6.2.2 正常飞行和再入要求

逃逸系统的存在不应对火箭引起不良的气动条件，这种条件在发射段将导致静动载荷增加，以至于影响运载能力。逃逸塔和助推保护罩在运载火箭第二级点火后即被抛掉。抛塔过程中必须保证逃逸塔不会碰到运载火箭。通常用逃逸系统的分离发动机抛塔，而逃逸发动机则作为备份。无论哪种分离方式都必须在足够长的时间内保证助推保护罩的完整性，防止其破坏后产生的碎片撞击飞船和火箭。逃逸发动机在逃逸时产生的过载（含角运动产生的过载），是助推保护罩的设计条件之一。

6.3 中止飞行程序

两种中止飞行程序如图4-20和图4-21所示。阿波罗号飞船发射段逃逸飞行器救生方式可以分为三个高度范围：低高度（21 km以下和发射台逃逸）、中高度（21~30.5 km）和高高度（30.5 km到逃逸塔和运载火箭分离）。对于这几种高度在逃逸开始几秒的动作顺序都是一样的，具体如下：

（1）逃逸系统被故障检测系统或航天员启动。

（2）火箭发动机关闭（仅适用于运载火箭起飞30 s以后）。

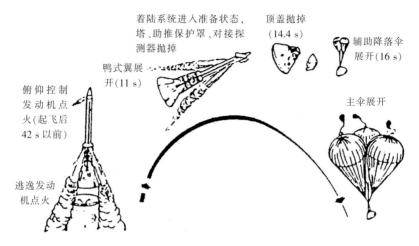

图4-20 低高度中止飞行程序

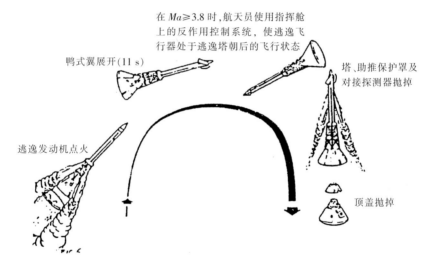

图4-21 高高度中止飞行程序

（3）指挥舱与服务舱分离。

（4）逃逸和俯仰控制发动机点火，反作用控制系统推进剂喷射（仅用于运载火箭升空42 s之前）。

（5）逃逸系统启动后11 s时鸭式翼展开。

着陆系统可在逃逸后16 s启动。若逃逸发生在21 km以上，则在飞船下降到大约7.3 km时着陆系统开始工作。在30.5 km以上启动时采用了一种特别的措施，因为此时空气动力稳定作用较低，随着逃逸发动机燃烧终止，航天员必须利用反作用控制系统建立一个特定的俯仰角速度，以避免飞船在继续下降中处于不利的倾侧角而产生有害的加速度。

6.4 阿波罗号逃逸飞行器逃逸发动机点火过程的状态

阿波罗号飞船的逃逸飞行器的逃逸发动机点火过程的状态如图4-22所示。由图4-22可见，在逃逸发动机推力的作用下，逃逸飞行器正与运载火箭的末级（含服务舱）分离，逃逸发动机的喷流仍有一部分作用在助推保护罩上。助推保护罩应具有抗压和防热的功能。

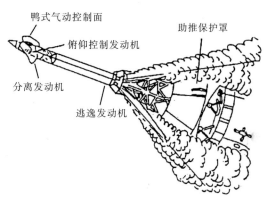

图4-22 阿波罗号逃逸飞行器的逃逸发动机点火过程的状态

参 考 文 献

[1] 中国大百科全书航空航天卷编写组.中国大百科全书·航空航天卷 [M].北京:中国大百科全书出版社,1985:1-3,61,64.

[2] 戚发轫,李颐黎.巡天神舟——揭秘载人航天器[M].北京:中国宇航出版社,2011:10-12.

[3] 李颐黎.航天器的返回轨道与进入轨道设计 [M]// 王希季.航天器进入与返回技术(上).北京:宇航出版社,1991:123-126,142-149.

[4] 李颐黎.载人航天器应急救生系统[M]//戚发轫,朱仁璋,李颐黎.载人航天器技术.2版.北京:国防工业出版社,2003:499-519.

[5] 戚发轫,朱仁璋,李颐黎.载人航天器技术[M].2版.北京:国防工业出版社,2003:502.

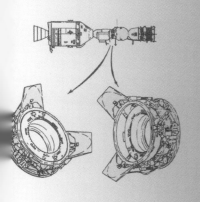

第五章
世界上使用时间最长的
联盟号系列飞船

1 联盟号系列飞船为什么经久不衰

联盟号系列飞船是苏联/俄罗斯研制的联盟号飞船、联盟T号飞船、联盟TM号飞船和联盟TMA号飞船的总称。从1962年，苏联开始研制联盟号飞船（见图5-1）起，到2014年止，苏联/俄罗斯的联盟号飞船已经走过了52年的历程。联盟号飞船研制初期曾经历过多次失败。例如，1967年4月24日，联盟1号飞船第一次载人飞行回收失败，航天员科马罗夫殉职；1971年6月30日联盟11号飞船返回时，返回舱失压导致三名航天员殉职。在吸取教训并进行技术改进后，从1973年9月至2014年9月，联盟号系列飞船已安全飞行了41年，成为当今世界上仍在使用的、最可靠的载人飞船。

联盟号系列飞船经久不衰是由于其具有高可靠性，并适合苏联/俄罗斯载人航天技术发展的需要。

联盟号系列飞船的可靠性高，首先是源自它的设计。例如，联盟号系列飞船采用了主份降落伞系

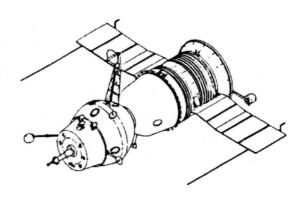

图5-1 联盟号飞船的初始型(1967—1981年服役)

统和备份降落伞系统，一
旦返回过程中主份降落伞
系统工作失效，可以切换
到备份降落伞系统工作；
又如，联盟号系列飞船设
计有发射段救生系统，一
旦火箭在发射段出现严重
故障，采用逃逸飞行器方
式或船箭应急分离方式，
将航天员救回地面。1975
年4月5日，苏联发射了载
有两名航天员的联盟号载
人飞船，在发射段抛整流
罩后，由于运载火箭控制
系统故障导致火箭姿态失

图5-2 联盟TMA7号载人飞船进行飞行前测试

稳，火箭发出"应急"指令，实施发射段抛整流罩后当圈返回的应急救生
程序，航天员乘返回舱安全着陆。其次是进行了大量成功的改进。例如，
联盟11号载人飞船发生返回舱失压导致三名航天员丧生之后，苏联吸取此
次教训，规定在飞船的变轨段和返回段，航天员必须穿舱内航天服，一旦
返回舱失压，航天员可以依靠舱内航天服生存几个小时，在此期间，飞船
实施应急返回，实现航天员的救生。再次是联盟号飞船进行了大量的可靠
性试验（见图5-2），使得其详细设计得到了充分的验证。

联盟号系列飞船适应不同时期载人航天的需要。早期的联盟号飞船承
担了空间交会对接试验任务。从联盟11号起至联盟T14号止，承担了礼炮
号空间站的天地往返运输任务。从联盟T15号起至联盟TM30号止，承担了

和平号空间站的天地往返运输任务。联盟TM31号和从联盟TMA2号起的联盟TMA号飞船承担了国际空间站的天地往返运输任务。在研制联盟号系列飞船的同时，苏联还研制了进步号和进步M号货运飞船，实现了人货分运。

从联盟号到联盟T号，再到联盟TM号，最后到联盟TMA号，联盟号系列飞船每一次改进都提高了飞船的可靠性和适应性。例如，联盟TMA号飞船在联盟TM号飞船基础上的改进包括加大坐垫尺寸，增加座椅总长度；为适应不同体重的乘员改进了座椅缓冲装置，为了满足高个子乘员的需要，对飞船的内部结构进行了相应的调整；为了提高乘员的舒适度、可见度和便于操作的要求，对仪表板以及一些硬件的安装位置也进行了调整（见图5-3）。

图5-3 联盟TM号飞船(左)与联盟TMA号飞船(右)的座舱

2 联盟号飞船构型的选择

根据载人飞船的设计依据和总体设计的一般原则，可以提出可行性方案设想，在可行性论证期间应提出多种构型（如飞船分几个舱段，哪个舱段在前，哪个舱段在后）进行比较，从中优选一种。在联盟号飞船可行性论证阶段，至少提出过三种方案，从中优选了生活舱在前、返回舱居中、仪器设备舱在后的三舱方案，如图5-4和图5-5所示。

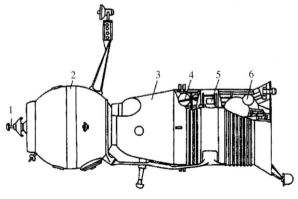

1. 对接机构
2. 生活舱
3. 返回舱
4. 过渡段
5. 仪器段
6. 设备段

（可将5、6两段合称为仪器设备舱）

图5-4 联盟号飞船的舱段

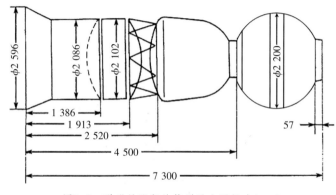

图5-5 联盟号飞船的构型及主要尺寸(mm)

3 联盟号飞船的总体布局和各舱的布局

3.1 总体布局

总体布局的目的是在选定构型的基础上，将飞船上的仪器设备布置在各舱段的适当位置。对于在再入过程中使用的和需带回地面的仪器设备应布置在返回舱。仅在再入前使用的设备可以布置在生活舱或仪器设备舱，以降低飞船的结构质量。

3.2 生活舱布局

生活舱位于飞船的最前端，下端通过密封舱门与返回舱相连接，是航天员在轨道上进行科学实验、进餐、体育锻炼、睡觉和休息的地方。其外壳为两个半球，中间嵌以圆柱形的"腰带"。

在生活舱前设有对接机构，供飞船与其他飞船或空间站对接用。早期的飞船靠简单的探杆-锥形靶对接机构来保证机械和电子系统接口的连接刚度。但是在完成对接以后，无法将探杆和锥形靶移开，乘员不能从飞船内通过。1969年1月6日，联盟4号和联盟5号两艘飞船在轨道上完成对接后，联盟5号的两名航天员只得爬出舱外，从外面进入联盟4号。从联盟10号开始，对接机构做了改进，探杆和锥形靶在对接后可以移开，航天员可以从对接口通过。1975年，联盟19号与美国阿波罗号飞船在轨道上对接，采用了通用的爪式对接装置。

在生活舱前端设有前信号灯，供与之对接的航天器的航天员在对接时观察用；还设有两副对接雷达天线。在生活舱外侧壁，还装有第三副对接雷达天线和后信号灯。

在生活舱的下半球上有一个密封舱口和一个密封舱门。密封舱口在与返回舱对接处，供航天员在两个舱体之间来回走动用。密封舱门在侧面，飞船-运载火箭竖立在发射台上时，航天员从此门进入飞船；飞船在轨道上运行时，若航天员需出舱活动也从这里进出飞船。在生活舱的舱壁上开了四个舷窗（观察窗）。

生活舱内的基本设备是标准化的，有贮存食物和饮用水的装置、睡袋、废物收集容器、携带式电视摄像机以及部分控制和通信设备。舱内还有一张折叠式工作台，其上配备生活舱控制面板，通过它可以控制舱内照明、无线电通信和舱外电视摄像。生活舱内外均设有科学实验设备，其中有一部分是专用的，视飞行的研究任务而定。例如在联盟6号生活舱外，安装了焊接试验设备；在联盟22号生活舱内，装有德国的多光谱照相机。

生活舱还可作为航天员进行舱外活动的气闸舱。

3.3 返回舱的布局

返回舱是飞船的座舱，它与生活舱合在一起，构成联盟号飞船的居住舱，容积约9 m³。在发射段（从起飞到入轨）、在轨道上进行飞船的基本控制程序、在返回过程以及在着陆后的某些等待情况，航天员都是坐在返回舱内的，如图5-6所示。

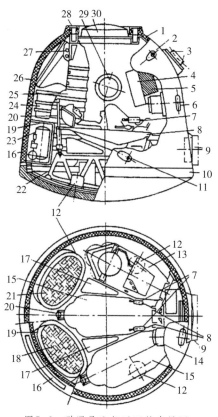

1. 带有防热层的壳体　2. 偏航控制发动机
3. 俯仰控制发动机　4. 仪表板
5. 操纵与信号装置　6. 光学瞄准镜的镜头
7. 控制手柄　8. 座椅活动铰链
9. 分离密封板　10. 可抛的底部防热罩
11. 滚动控制发动机　12. 软着陆固体发动机
13. 带有气瓶和为航天服供气装置的框架
14. 光学瞄准镜的座舱内的部分
（光学瞄准镜在舱外部分，图中未画出）
15. 航天乘员的座椅　16. 推进剂贮箱安装舱门
17. 带有应急储备的食品、水和用品的集装箱
18. 备份降落伞系统　19. 安装贮箱的壁槽
20. 座椅缓冲器　21. 主份降落伞系统
22. 设备支架　23. 推进剂箱(假定移位)
24. 备份降落伞系统伞舱(假定移位)
25. 主份降落伞系统伞舱
26. 降落伞舱盖(假定移位)
27. 降落伞连接绳固定组合件　28. 底部隔框
29. 舷窗　30. 带有开槽天线的舱门——人孔盖

图5-6　联盟号飞船返回舱布局图

在飞船返回再入大气层之前，生活舱和仪器设备舱分别与返回舱分离，并在再入过程中焚毁。只有返回舱载着航天员安全穿过稠密大气层，安全着陆。返回舱呈钟形外形（见图5-7），最大直径2.2 m，高2.2 m；在再

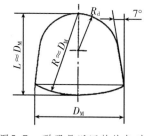

图5-7　联盟号返回舱的气动力
外形(理论)

入过程呈底部朝前姿态。底部是一个直径为2.2 m的圆球切块；侧面是半锥角为7°的圆锥面，到后端平滑地过渡到半球面。

采用这种钟形的气动外形，与东方号的圆球形外形相比，具有一定的优越性。球形外形在气流中没有升力。返回舱一旦脱离原来的运行轨道，就沿着一定的轨道返回，着陆的位置也就确定，没有调整的余地。着陆点偏差较大，是弹道再入方式的主要缺点。钟形的返回舱在其质心偏离纵轴一定距离的条件下，在气流中产生一定的攻角，称为配平攻角；在气流中除了阻力外还相应地产生一定的、不大的升力（见图5-8）。在再入过程，通过转动返回舱，改变升力的垂直分量和水平分量，从而在一定的范围内控制再入轨道，调整着陆点位置。联盟号返回舱通过将其质心配置在偏离返回舱纵轴一定距离的位置上，获得配平攻角约20°，升阻比不大于0.3；在此基础上，可以控制返回舱着陆点在以名义着陆点为中心、半径为30 km的圆形区域内。

返回舱的基本结构是铝合金结构，外面包以防热材料。底部防热罩是受气动力加热最严重的部位，由石棉纤维织物增强的烧蚀复合材料构成，是可分离的。侧壁防热层是三层复合结构：最外层是氟塑料升华型烧蚀材料，第二层是玻璃钢型烧蚀材料，第三层是轻质粘胶纤维隔热层。

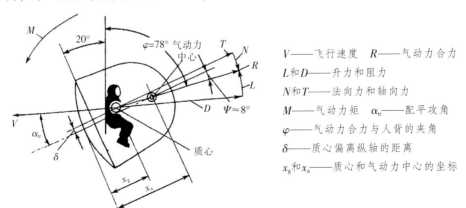

V——飞行速度　R——气动力合力
L和D——升力和阻力
N和T——法向力和轴向力
M——气动力矩　α_{tr}——配平攻角
φ——气动力合力与人背的夹角
δ——质心偏离纵轴的距离
x_g和x_a——质心和气动力中心的坐标

图5-8　返回舱以配平攻角飞行时的气动力和航天员位置图

在座舱里安置了3个（或2个）座椅。实验证明，人在承受"胸-背"方向过载的情况下，当过载方向与人背的夹角呈78°时，所能承受的过载的状态最佳。考虑到气动力合力作用的方向（见图5-8），座椅在座舱内的安装方位是椅背与返回舱纵轴呈70°夹角。座椅脚蹬下面用铰链固定，在头靠部位设置工作行程为250 mm的减震器。飞船着陆前，减震器升起，将座椅抬起到工作位置。着陆冲击时，座椅绕铰链摆动，从而达到缓冲的目的。座椅上的座靠垫是按照每个航天员具体的体形专门单个制作的。

三名航天员坐在座椅上，其前方是主仪表板，主仪表板上包括主要系统工作状态的数字显示和直观显示仪表，供航天员监控各主要系统的工作情况和飞船的运行情况。

主仪表板上方是一台电视摄像机（625线，25帧/秒），供地面工作人员观察航天员的情况。主仪表板的右下方有一个圆形舷窗，其上装着光学瞄准镜，供航天员手动控制飞船姿态用。这个光学瞄准镜还可以用于交会对接。

座椅上安装了两个姿态控制手柄，用于航天员手动操纵姿态控制和平移运动。当飞船处在定向阶段或与另一个航天器交会对接时，姿态控制手柄可以提供给飞船0.5°/s和3°/s的转动速率。在对接机动时，平移控制手柄能够使飞船指令长对飞船的相对速度做精确的调整。

主仪表板的左边和右边是指令系统的控制板，用以启动或关闭各个主份系统和备份系统，以及显示医学监测数据。在飞船指令长那一边的指令系统控制板的下面，是调节舱内航天服环境参数的设备，其功用在于出现座舱大气泄漏时，保护穿着舱内航天服的航天员。

座舱的两边各有一个圆形舷窗。通过舷窗，航天员能够观察到协同飞行的航天器并进行天体观察。航天员可以通过这两个舷窗，用六分仪进行天文导航和定位。座舱后部和其余侧壁上，大部分是专用灯、扬声器和装在织物袋里挂在壁上的贮存物。无线电通信控制板安装在座舱的右侧，航天员可以在这里选择合适的频率与地面控制人员沟通联系。

在返回舱的外壁，布置了六台姿态控制发动机，用于飞船再入过程保持返回舱的姿态和控制升力矢量的方向。发动机是以过氧化氢为推进剂的单组元发动机，其中四台（推力为73.5 N）用于俯仰和偏航姿态控制，两台（推力为147 N）用于滚动控制（见图5–9）。30 kg的推进剂（过氧化氢）贮存在两个贮箱里，用挤压方法输送到发动机。

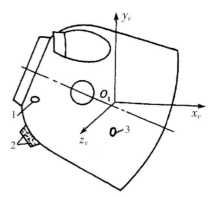

图5–9　联盟号返回舱上姿态控制发动机的分布

1. 偏航发动机　2. 俯仰发动机
3. 滚动发动机

返回舱和生活舱合在一起，构成了联盟号飞船的居住舱，总长约5 m，容积约9 m³。舱内额定的环境条件为：舱内大气成分及压力维持与海平面相同的大气成分和压力（101 kPa），允许氧成分增加到40%（按体积算），舱压允许低到69 kPa；温度控制在25~30 ℃；相对湿度为40%~55%。大气净化装置仍采用超氧化钾（KO_2），再加上氢氧化锂来吸收二氧化碳，同时放出氧气。用气体分析仪不断测量舱内大气里的氧分压，调节通过大气净化装置的空气流量，以保持所要求的大气成分。通过一组过滤器来除去臭味和灰尘，通过一组单回路的热交换器来控制舱内的大气温度和湿度。

3.4 仪器设备舱的布局

仪器设备舱是一个长约2.3 m、直径2.2 m的圆柱，底部直径扩大到约2.6 m，与运载火箭相连接；其前端与过渡段相连。仪器设备舱本身又分为前后两段：前段是密封舱，用于环境控制、姿态控制、推进系统以及通信等大部分仪器设备的安装；后段是非密封的，主要安装变轨发动机及贮箱等。仪器设备舱的内部布局如图5-10所示。

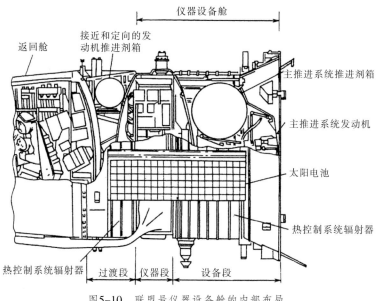

图5-10　联盟号仪器设备舱的内部布局

变轨发动机用于轨道上交会对接以及脱离运行轨道转入返回轨道的变轨机动，由主份发动机和备份发动机组成。主份发动机是推力为4 089 N的单燃烧室发动机，能够多次启动，其燃烧室喷口位于仪器设备舱后端中间。备份发动机为双燃烧室发动机，推力为4 030 N，其喷口位于主份发动机喷口的两侧。推进剂为硝酸与偏二甲肼。0.5~0.9 t（视飞行任务要求而定）的推进剂分别装在4个球形贮箱内。采用涡轮泵式输送系统。

姿态控制发动机系统用来调整姿态（绕三个轴转动）和飞船质心的微小位移。它包括14台推力为980.6 N的发动机（用于交会对接和调整姿态）、8台推力为98.1~147.1 N的发动机（用于调整姿态）、单组元推进剂贮箱（存放140 kg过氧化氢）、管路、挤压输送系统以及自动控制系统等。

在仪器设备舱的外表面，设置有环境控制系统的辐射散热器；在长时间飞行时，还增设两个太阳电池阵，面积约11 m²。

4 联盟TM号飞船的发射段和轨道运行段的轨道设计和飞行程序

联盟TM号飞船是艘可与和平号空间站实现空间交会对接任务的飞船，在空间交会对接任务中，联盟TM号飞船是追踪飞行器，和平号空间站是目标飞行器。

4.1 联盟TM号飞船发射前的准备工作——调整初始相位角阶段

在联盟TM号飞船发射前，和平号空间站要进行调整相位，使得在联盟TM号入轨时刻的初始相位角为240°±90°，且和平号的轨道高度为395 km。这里所说的初始相位角是指飞船入轨时刻地心至飞船的连线与地心至空间站的连线之间的夹角，沿飞船运行方向度量，如图5-11所示（图中表示初始相位角为300°的状态）。

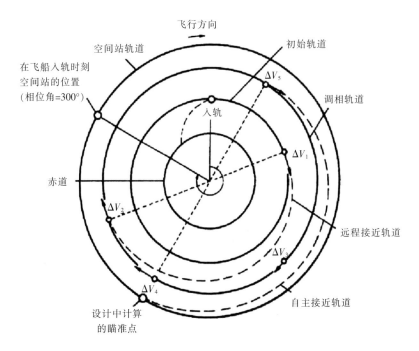

图5-11 联盟TM号飞船对和平号空间站的远距离导引段变轨示意图

4.2 飞船发射段

在计划的时刻由运载火箭将飞船发射入轨，飞船的入轨参数是：近地点高度的最小值为200 km，远地点高度的最大值为240 km。

4.3 飞船的初始飞行段

此阶段的任务是确定飞船的轨道参数和检查飞船的各系统工作状态。

4.4 飞船的远距离导引段

远距离导引段的任务是将飞船初始轨道的轨道参数通过运行和变轨达到近距离导引要求的轨道参数。

典型情况下，联盟TM号飞船对和平号空间站的初始相位角为300°，飞船使用主发动机进行五次变轨（如图5-11所示，提供速度增量ΔV_1，ΔV_2，ΔV_3，ΔV_4和ΔV_5之处），达到了满足空间站近距离导引段的初始要求的轨道参数。这几次变轨安排是：第一组变轨（ΔV_1和ΔV_2）在第3圈至第4圈，第2组变轨（ΔV_3）在第18圈至第19圈，第3组变轨（ΔV_4和ΔV_5）在第33圈至第34圈。图5-11中的几种轨道的轨道参数如表5-1所示。

表5-1　图5-11中的几种轨道的轨道参数

轨道名称	周期 T/min	近地点高度 h_p/km	远地点高度 h_a/km
初始轨道	88.62	198	242
调相轨道	90.09	268	306
自主接近轨道	91.78	335	408
空间站轨道	92.32	381	408

苏联将和平号的轨道周期取作92.35 min，循环周期为三天，轨道高度约400 km。这样，如果在预定发射时刻不能发射飞船，那么，约三天后能再次发射且初始相位角仍满足要求（即初始相位角仍与预定发射时刻的初始相位角相同）。

4.5 飞船的近距离导引与对接段

联盟TM号飞船与和平号空间站的典型近距离导引与对接的情况，如图5-12所示。

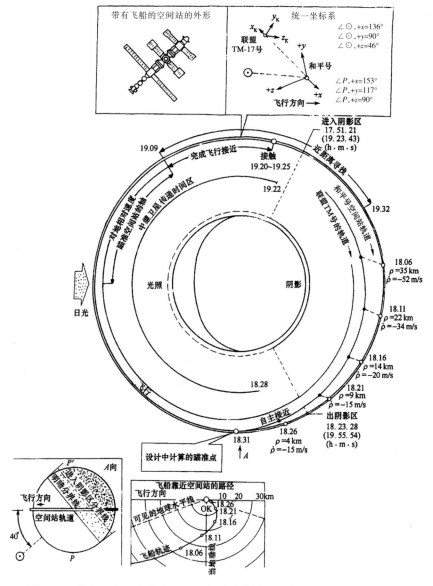

图5-12　联盟TM号飞船与和平号空间站的典型近距离导引与对接段示意图

注：时间为莫斯科法定时间；在第34圈对接；太阳从左边照来(40°)，通过中继卫星确定通信时间

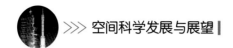

在飞船与空间站相距200 km时开始测量飞船与空间站的相对距离和速度。在飞船与空间站相距400 m时飞船对空间站绕飞，以找到应与空间站对接的对接口。开始飞船按理论轨道飞行，进入捕获角后，两者相互关照地飞行；当飞到相对距离为150 m左右时，飞船对空间站悬停；最后，飞船与空间站对接、锁紧。在此阶段的时间分配如下（都是指所需的最长时间）：

飞船绕飞时间　　　　　　　　5~10 min

相距150 m时悬停时间　　　　 6~8 min

最后逼近时间　　　　　　　　7 min

在近距离导引与对接段中，从相距200~400 m阶段飞船应在中继卫星监视区；在最后对接段飞船应处在光照区，一旦自动控制失灵，以便于改用手动控制，最后的对接段要在本国领土上的测控站覆盖范围内。

当时，俄罗斯的中继卫星位于东经16°赤道上空，为地球静止卫星。该中继卫星和俄罗斯本土地面站的覆盖区域及和平号空间站的地面轨迹如图5-13所示。

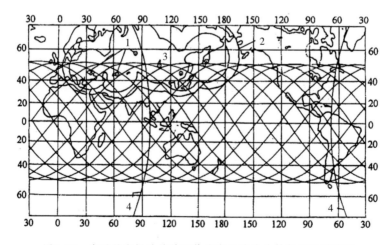

图5-13　和平号空间站的地面轨迹和跟踪站的射频可观测范围

1. 地面跟踪站　2. 射频可观测最低仰角为0°时的边界　3. 射频可观测最低仰角为7°时的边界　4. 地球静止轨道上的中继卫星与和平号空间站之间射频可观测范围的边界

5 联盟号飞船的空间对接装置及其工作原理

5.1 空间对接装置的功能

空间对接装置是用来实现两个航天器之间的机械、电气、液路空间对接、连接与分离的复杂装置，借助对接装置，可以将在空间轨道上交会的两个航天器连接成一个轨道复合体，实现精确的刚性、密封连接以及电气与液路的连接，以便执行设备维修、部件更换、推进剂加注、人员轮换、物资运送、应急救生等任务，并可通过在轨装配和舱段对接建造永久性空间站等大型轨道复合体。

成对的两个对接组件被称为对接装置：其中参与从捕获、对接到分离的所有作业的对接组件称为主动组件；只参与对接和分离的对接组件称为被动组件；既可以作为主动又可以作为被动的对接组件称为异体同构对接组件。对接组件中用于缓冲、补偿初始偏差、捕获、校正和拉紧的机构称为对接机构。

空间对接装置的基本功能是实现两个航天器之间的多次对接、保持连接与分离。空间对接装置在这个过程中要完成以下基本作业：缓冲、补偿初始偏差、捕获（建立初始机械连接）、校正（使两航天器纵轴重合）、拉紧（使两对接框接近）、最终校正（通过定位销精确校正）、刚性密封连接（建立第二次机械连接，包括充气和检漏）、接通两对接航天器的电气液路通道、开关通道门盖、密封性能检查、对接通道排气、解锁（断开机械连接）、分离（解锁后推开）、向航天器的控制和测量系统发出已经分离的信号等。

根据使用要求，对接装置可以分为精确的刚性连接和在相对位移比较大时使用的非刚性连接。在大多数情况下，特别是载人飞行时，必须使用刚性连接。

5.2 杆-锥式对接装置的组成

联盟号飞船上通常采用的是杆-锥式对接装置。图5-14表示了杆-锥式对接装置的组成，它由主动和被动两个组件组成。被动组件有一个接纳锥和带槽的接纳孔。对接时主动组件伸出滚珠丝杆和带捕获钩的杆头。当它们相互作用时，对撞击进行缓冲，补偿初始偏差和进行以后的校正与拉紧。

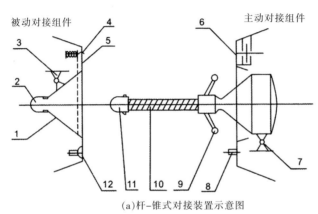

(a)杆-锥式对接装置示意图

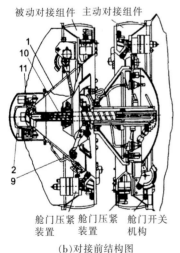

(b)对接前结构图

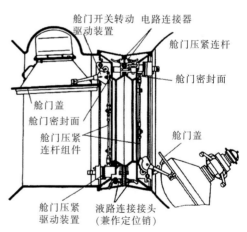

(c)对接后结构图

图5-14 杆-锥式对接装置的组成

1. 接纳锥 2. 带槽的接纳孔 3,7. 锥和杆的固定球形铰支座 4,6. 被动和主动锁钩 5. 对接框 8. 液路连接接头（兼作定位销） 9. 校正杠杆 10. 滚珠丝杆 11. 带捕获钩的杆头 12. 液路对接接头孔这种装置的优点是结构简单，质量和外形尺寸比较小。缺点是通道的中心部分被占用，每个对接组件只能是主动的或者是被动的，不能互换；杆头在接纳锥内的位移影响到滚动方向的初始角度误差。

为了解决中心部分被占用而不能形成对接通道的问题，把主动对接组件和舱门做成一个整体［见图5-14（c）］，当打开舱门时，便将主动对接组件一起旋转一个角度；同时，将被动对接组件绕驱动装置旋转90°。这样，中间会空出一个过人通道。其缺点是必须在舱体上突出一块，为对接机构旋转留出空间。

5.3 杆-锥式对接装置的对接工作过程

杆-锥式对接装置的对接工作过程分为四步，如图5-15所示。

第一步是接触。对接前，主动对接装置的滚珠丝杠全部伸出来，做好对接的准备。当带捕获钩的杆头撞击到被动对接装置的接纳锥的内壁时，就实现了接触。

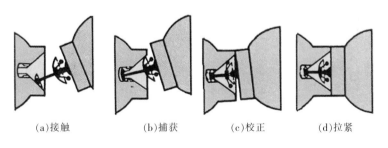

(a)接触　　　　　　(b)捕获　　　　　(c)校正　　　　　(d)拉紧

图5-15 对接过程示意图

第二步是捕获。带捕获钩的杆头沿被动对接装置的接纳锥的内壁滑动时，三个校正杠杆上的一个或两个碟子也沿内壁滚动，直到捕获钩撞过滑动齿条，落到接纳锥根部的捕获槽内（见图5-16）。两个齿条通过齿轮和连杆实现联动，当捕获钩被齿条滑块卡住时，就完成了捕获，实现了柔性连接。

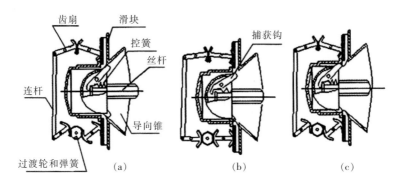

图5-16　杆-锥式对接机构捕获锁工作原理图

第三步是校正。捕获后，三个校正杠杆展开，碰子支撑在接纳锥内壁，强制两个已经实现了柔性连接的航天器纵轴重合。

第四步是拉紧。完成校正之后，丝杆反转，通过捕获锁将两个航天器拉近，直到两个对接面全部接触。此时对接机构工作全部完成。后面的工作是启动对接框上的结构锁，实现两个航天器之间的刚性与密封连接。

对接框锁紧后，检查密封性，最后移开两舱门盖，如图5-14（c）所示。

5.4 周边式对接装置

为了使航天员和货物能够直接通过对接通道实现转移，苏联和美国又在1975年共同研制并使用了导向瓣外翻的周边式对接装置（苏联称为АПАС-75）。它由均匀分布在捕获环上的三个导向瓣和捕获锁实现捕获，用一套传动机构实现拉紧。而连接的方式与杆-锥式对接装置类似，但中间留出了一个通道，如图5-17所示。

随着航天器的尺寸和质量不断增加，苏联又研制出了适用于质量在100 t以上航天器对接的对接装置（АПАС-89）。这种对接装置是导向瓣内翻的周边式对接机构。由于对接通道直径加大，两个航天器的连接刚度得到了很大的提高。美国的航天飞机与和平号空间站以及与国际空间站的对接，使用的是导向瓣内翻的周边式对接机构。

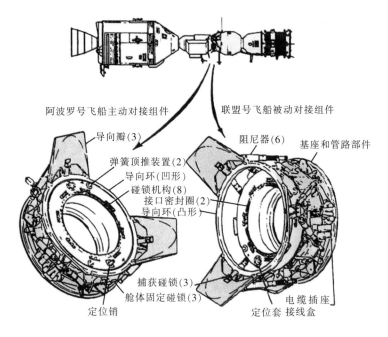

图5-17 阿波罗号飞船与联盟号飞船空间对接所用导向瓣外翻的周边式对接机构

注：为了能看清对接组件的构造，都少画了1个导向瓣

6 未穿舱内航天服，联盟11号飞船三名航天员不幸遇难

1971年6月29日21时，苏联航天员格奥尔基·多布罗沃斯基、弗拉基斯拉夫·沃尔科夫和维克多·帕萨耶夫结束了在礼炮1号空间站23天18小时的工作，乘坐联盟11号飞船离开空间站返回。4个多小时后，飞船返回舱进入大气层，成功打开降落伞并于指定地点着陆。但是，当地面回收人员打开返回舱舱门时，发现三名航天员都已遇难。

事故分析报告表明，飞船返回舱设有一个平衡阀，按照设计，该平衡阀应该在返回舱下降到低空、舱外大气压达到一定值时才开启，用以平衡返回舱内外压力。但联盟11号飞船返回舱与轨道舱分离时，由于瞬间的冲击震动，导致平衡阀提前开启，这时舱外大气极其稀薄，座舱内的气体很快通过该阀门泄漏出去。航天员在这种近乎"爆炸减压"的情况下，在很

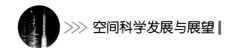

短的时间内就失去了生命。如果航天员当时穿着舱内航天服的话，悲剧是可以避免的。遗憾的是，联盟11号飞船原设计为两名乘员，增加一名乘员后，舱内空间显得格外拥挤，为此有关部门做出了航天员不着舱内航天服的冒险决定。事实是无情的，这个错误的决定使三名航天员付出了生命，苏联也不得不延迟了原来的航天计划。事故发生后，联盟号飞船的设计做了重大调整，并重新做出返回时航天员必须穿舱内航天服的规定。

7 联盟TM号飞船的应急救生系统是怎样设计的

7.1 应急救生系统的任务

该系统负责联盟TM号飞船从运载火箭起飞前一段时间起至末级火箭发动机关机时刻止，在运载火箭一旦发生故障时，对航天员的救生。

7.2 系统设计中主要考虑的因素

（1）运载火箭在发射台上或飞经发射区附近发生故障时，要求使可分离头部（即逃逸飞行器）偏离火箭一定安全距离，并达到降落伞系统可以打开的高度。与此同时，还要考虑带降落伞的返回舱可能被吹回危险区的风力影响。

（2）考虑在最大动压区恶劣条件的情况下，气动力对可分离头部的分离和使其脱离故障火箭的影响。

（3）确定应急救生系统动力装置和头部整流罩分离时，应急救生系统动力装置在稠密大气层边界工作时的最大纵向过载。

（4）考虑火箭飞行300~400 s时发生故障的情况下，舱体分离后返回舱进入大气层时达到的最大纵向过载。

7.3 系统组成

联盟TM号飞船的应急救生系统由飞船和运载火箭正常飞行时工作的一部分系统和只在发生事故时启用的专用系统组成（见图5-18）。

属于飞船和火箭的分系统如下：

（1）运载火箭的控制系统。

（2）飞船控制系统。

（3）飞船舱段分离系统。

（4）飞船与火箭分离系统。

（5）返回控制系统及其执行机构。

（6）着陆装置和设备。

（7）无线电指令装置和线路。

（8）测量系统（故障监测，如传感器等）。

（9）监控再入大气层的温度传感器。

（10）头部整流罩的分离系统。

属于应急救生系统的专用装置如下：

（1）应急救生系统自动装置。

（2）应急救生系统动力装置。

（3）分离发动机。

（4）安装在头部整流罩上的机构和设备。

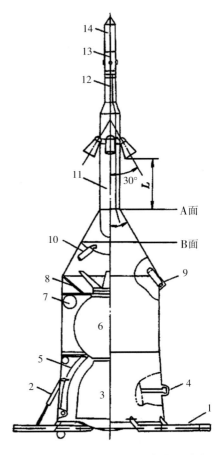

图5-18 联盟TM号飞船的应急救生系统及可分离头部的总体布局

1. 栅格翼 2. 阻尼器

3. 返回舱 4. 潜望镜整流罩

5. 下支撑机构 6. 生活舱

7. 灭火工质储瓶

8. 上支撑机构

9. 安装在整流罩上的分离发动机(4台)

10. 整流罩分离发动机

11. 应急救生系统动力装置主发动机

12. 应急救生系统动力装置分离发动机

13. 应急救生系统动力装置控制发动机

14. 配重

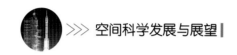

7.3.1 应急救生系统自动装置

应急救生系统自动装置依次处理从各系统所得的各种信号，并产生使头部或飞船各舱段分离、并与故障火箭弹道偏离的各种指令。

系统由救生自动装置和程序时间装置组成。一部分装在生活舱内，另一部分装在头部整流罩上。在整流罩上还装有测量象限线Ⅰ-Ⅲ方向和Ⅱ-Ⅳ方向角度的两组陀螺以及确定救生塔抛离时间的安全触点、自动装置电源和火工品电源。二子级过渡段装有记录头部整流罩抛罩的端部传感器。在头部整流罩内和二子级过渡段还设有连接各种设备、传感器和电源的电缆。

7.3.2 应急救生系统动力装置

应急救生系统动力装置由4种固体发动机组成。

（1）主发动机。主发动机用于在火箭一级工作时将头部分离出故障的运载火箭。发动机有两个燃烧室。两个燃烧室或者同时工作，或者只有第一个燃烧室工作，这样可适应不同设计情况的能量要求。

（2）控制发动机。系统共有四台控制发动机，它们位于应急救生系统动力装置上部，沿Ⅰ-Ⅲ、Ⅱ-Ⅳ象限线安装。沿Ⅱ-Ⅳ象限线安装的发动机有两种情况，一种以100%的推力和冲量工作，另一种以70%的推力和冲量工作。

飞行20 s以内发生事故时，发动机全部以100%的推力工作，控制分离头部绕质心的运动。飞行20 s后发生故障时，只有两台在Ⅱ-Ⅳ象限线安装的控制发动机以70%推力工作。

在无事故的正常飞行中，安装在Ⅲ象限线的控制发动机与分离发动机一起完成应急救生系统动力装置的正常抛离。

（3）分离发动机。发生事故时，分离发动机用来从可分离头部中分离返回舱。正常飞行时用来分离未曾使用的应急救生系统动力装置，并使其连同图5-18中的A面、B面之间的整流罩一起离开火箭。

主发动机、控制发动机和分离发动机连成一体，总称应急救生系统动力装置。该装置设有配重。

（4）安装在头部整流罩上的分离发动机。安装在头部整流罩上的分离发动机用于在发射场附近发生事故时提高被分离的可分离头部的飞行高度。它们也用于在救生动力装置按程序抛离后，整流罩分离前，需救生时拉开可分离头部（不含救生动力装置）。

不计配重在内，救生系统动力装置总质量不超过1.8 t。

7.3.3 可分离头部

可分离头部又称逃逸飞行器，它包括各种机构和装置的上部整流罩、应急救生发动机及装在上部整流罩内的飞船舱体（生活舱和返回舱）。

亚声速和超声速飞行时，可分离头部在攻角小于20°时是气动静稳定的。飞行器的最低静稳定余度是利用装在整流罩上的栅格翼和装在应急救生动力装置顶部的配重来达到的。

配重的质量是按照栅格翼展开、救生系统主发动机和头部整流罩分离发动机药柱燃尽时，质心位置不超过极限值的要求选定的。可调的质量范围为50~270 kg。

故障分离面以上的上部整流罩是可分离头部的壳体，也是应急救生动力装置和飞船间的承力连接件。

上部整流罩的下部装有四块栅格翼。栅格翼在闭合状态时用爆炸螺栓固定，展开时螺栓起爆，栅格翼在弹簧推力器、气动力和轴向过载作用下打开。栅格翼打开时的动能由液压阻尼器减弱，栅格翼锁定于横向位置。

头部整流罩和飞船舱体间用两种各三套的支撑机构作为承力连接件。上支撑机构支于飞船生活舱的前端，下支撑机构的前支座支撑在生活舱的后端，后支座支撑在返回舱的防热底。正常飞行时应急救生系统支座抱住返回舱和生活舱，但允许返回舱、生活舱与头部整流罩之间有相对的小幅

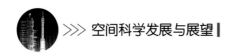

移动,即该支撑机构为弹性支撑。在发生事故时该支撑机构改为刚性支撑,使要逃逸的飞船部分与上部整流罩牢固连接。

整流罩内设有两个带灭火工质的喷射环,防止工作的救生系统发动机引起火灾。其中的一个喷射环位于生活舱和返回舱对接面处,另一个位于返回舱和仪器设备舱前的过渡段的对接面处。

7.4 中止飞行及应急救生系统工作模式

中止飞行及应急救生系统工作模式如图5-19所示,共有模式Ⅰ、ⅠA、Ⅱ、Ⅲ四种。

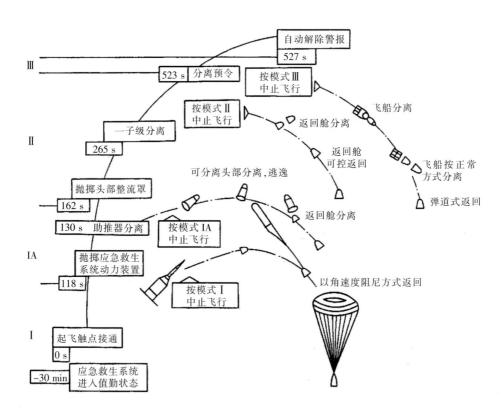

——正常飞行轨道;—·—逃逸轨道

图5-19 联盟号飞船发射段中止飞行及应急救生系统工作模式

7.4.1 模式 I

此阶段的起点与撤离服务塔的时间相符，此时航天员已进入飞船，地面人员已疏散，应急救生系统已处于值勤状态。此阶段结束于正常抛掉应急救生系统动力装置的时刻。在此阶段中按以下三种中止飞行程序工作。

7.4.1.1 从应急救生系统进入值勤状态到起飞触点接通之前发生事故时的中止飞行程序

在此阶段发生事故时由地面根据目视和遥测信号分析结果，发出"中止飞行"信号，但"中止飞行"命令只能在发射平台展开到能保障可分离头部无障碍逃逸的程度时发出。

应急救生系统自动装置在接到"中止飞行"指令后同时发出三个指令：

(1) 向火箭控制系统发出"中止飞行"指令，使火箭主发动机应急关机。

(2) 接通应急救生系统灭火装置。

(3) 发出整流罩内锁紧机构工作指令，使返回舱及轨道舱与整流罩实现刚性连接。

接着由自动装置向飞船控制系统发出"中止飞行"信号，由飞船控制系统依次发出以下指令：

(1) 返回舱与仪器设备舱解锁。

(2) 弹开返回舱密封板。

(3) 返回舱转为自主供电。

(4) 接通航天员操纵台"中止飞行"信号灯。

(5) 返回控制系统、着陆系统自动装置工作准备。

(6) 接通测量系统。

几乎在返回舱与仪器设备舱分离的同时，由应急救生系统自动装置发出以下指令：

(1) 应急救生系统主发动机第一、第二燃烧室点火工作。

（2）安装在Ⅱ象限线的控制发动机转为100%推力工况工作。

（3）头部整流罩应急分离面爆炸螺栓起爆。

（4）栅格翼打开。

主发动机推力使可分离头部分离。由于发射前已按发射场的风速和风向在可分离头部上设置了控制方法，故可按逻辑启动某一台控制发动机，以控制可分离头部绕质心的运动，并按风的方向将返回舱控制到最佳方向。控制发动机的点火逻辑考虑了发生事故时箭体的偏斜以及风速和风向。由起飞触点接通已解锁的陀螺仪，测量可分离头部与铅垂线方向的夹角。

接到"中止飞行"命令后4 s，安装在头部整流罩上的四台分离发动机点火，以提高可分离头部的飞行高度。待可分离头部到达弹道顶点附近时，返回舱与生活舱解锁，应急救生系统动力装置分离发动机点火，使可分离头部与返回舱分离。返回舱的返回控制系统和执行机构系统接通，返回舱做弹道式飞行。

在此阶段中着陆系统可按不同的故障发生时间，以着陆系统自动装置No1、No2中止飞行程序或按正常程序工作。

7.4.1.2 起飞触点接通到火箭飞行20 s期间发生事故时的中止飞行程序

在此期间发生事故时，由应急救生系统自动装置在处理事故参数结果后发出"中止飞行"指令。逃逸程序同上所述，只是在此期间内运载火箭的发动机不做应急关机。

7.4.1.3 起飞后20 s到应急救生系统动力装置正常分离期间发生事故时的中止飞行程序

在此期间发生事故时"中止飞行"命令由自动装置发出。火箭发动机应急关机。应急救生系统主发动机只有第一燃烧室工作，第二燃烧室不工作，四台位于头部整流罩的分离发动机也不工作。Ⅱ象限线装的控制发动机以70%推力的低工况工作，它在主发动机第一燃烧室点火不久后启动，将可分离头部与火箭飞行轨道错开。

在可分离头部到达弹道顶点附近时，返回舱与生活舱解锁，然后分离发动机点火，使返回舱与可分离头部分离。

其他程序同7.4.1.2部分。

7.4.2 模式IA

当事故发生在正常抛离救生系统动力装置之后、头部整流罩抛罩之前时，以模式IA中止飞行。

以此模式进行中止飞行时，通过事故纵向过载传感器或陀螺仪安全触点发出"中止飞行"指令。此外，如在"起飞触点"接通后115 s尚未接到"分离Ⅰ"指令时也要发出"中止飞行"指令。

随后的指令如下：

（1）上、下支撑机构支座定位。

（2）接通灭火系统。

（3）发出火箭动力装置应急关机指令。

（4）向船载设备控制系统发出信号。

由飞船控制系统控制返回舱与仪器设备舱解锁、密封板分离；由应急救生自动装置控制头部整流罩应急分离面爆炸螺栓起爆；然后，头部整流罩上的第一组（两台）发动机点火工作。不久，由应急救生系统自动装置发出指令，点燃第二组（两台）发动机（见图5-20），从而将可分离头部与发生故障的运载火箭的飞行轨道错开，避免火箭与可分离头部相撞。

不久，返回舱与生活舱分离，由船载

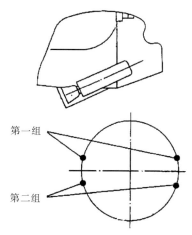

图5-20 安装在整流罩上的应急救生系统分离发动机及其分布位置

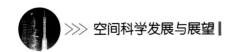

设备控制系统接通测量系统自动装置和返回舱着陆控制系统。接着返回舱进行滚动控制，并降低各轴角速度，着陆系统按正常程序工作。

7.4.3 模式Ⅱ

模式Ⅱ适用的时间段是从整流罩抛掉到起飞后520 s火箭控制系统发出"分离预令"为止。从火箭发生事故到进入80 km高度的稠密大气层，返回舱在大气层外飞行的时间不超过20 min。

火箭控制系统在出现火箭失控、火箭动力装置工作不正常、"分离信号Ⅰ"后183 s芯级发动机不关机、二子级发动机推力不足（由安装在发动机推力室中的三个压力传感器中的两个传感器确定）四种故障之一时发出"中止飞行"指令。

火箭动力装置在接到"中止飞行"指令后应急关机，接着飞船与火箭分离并按正常程序进行飞船各舱段的分离。

分离后返回舱控制系统按最佳工作状态或弹道飞行状态工作。着陆系统按正常程序工作。

7.4.4 模式Ⅲ

当事故发生在从分离预令前10 s时刻起到二子级正常关机时刻止的期间，按模式Ⅲ中止飞行。正常飞行时，应急救生系统在发出二子级关机指令时自动解除警报。

此阶段的特点是能够将飞船送入非预定的运行轨道后再返回地面，因而发生事故时飞船完全可按正常的方式与二子级分离。分离前先使火箭发动机应急关机，将中止飞行信号送到船载控制系统，按该系统指令将中止飞行信号送往航天员操纵台，做分离飞船的准备。此时火箭控制系统发出仪器设备舱与二子级过渡段分离信号。稍后，启动二子级反推发动机，使二子级偏转并制动。火箭与飞船分离系统可采用冗余技术。

温度传感器在飞船分离时开始工作，飞船进入大气层按它的信号分离舱段。

如果飞船第一圈飞行未进入稠密大气层，那么温度传感器停止工作，以后的飞行就根据地面站的控制进行。必要时可通过航天员操纵台或无线电指令线路接通某一返回程序并按此进行正常的返回控制。如飞船舱段是按温度传感器与信号分离的，那么返回舱进行弹道式飞行，着陆系统按正常程序工作。

参 考 文 献

[1] 戚发轫,李颐黎.巡天神舟——揭秘载人航天器[M].北京:中国宇航出版社,
    2011:6-8,20,54-58,86.

[2] 戚发轫,朱仁璋,李颐黎.载人航天器技术[M].2版.北京:国防工业出版社,
    2003:22-28,34-37,502-508.

1 神舟号载人飞船是如何发展起来的

1.1 714工程——曙光1号飞船

1966年中国科学院和七机部第八设计院分别提出中国载人飞船的方案设想。

1971年4月，在北京的京西会议上讨论了有关未来中国飞船的方案，飞船工程定名为714工程，飞船的名称定为曙光1号。

曙光1号飞船是由座舱及设备舱组成的两舱方案。座舱内放置可供两名航天员乘坐的弹射座椅，还有仪器仪表、无线电通信设备、控制设备、废物处理装置、食物、水、降落伞等；设备舱内有制动发动机、变轨发动机、推进剂储箱、电源设备和通信设备。

曙光1号关键技术攻关取得了阶段性成果，但因当时我国航天技术水平的限制以及国家财力的限制，1975年中央决定714工程下马。至此，中国停止了载人航天工程研制，而把精力和重点放在各种类型的应用卫星的研制方面。

1.2 863计划——五种天地往返运输系统的论证

1985年7月，航天部在秦皇岛召开了首届太空站研讨会，同年，航天部以部高级顾问名义向中央提出了"载人航天应尽快立项"的建议。

1986年3月初，著名科学家王大珩、王淦昌、杨嘉墀、陈芳允联名向中央上书，提出了《关于跟踪研究国外战略性高技术发展的建议》，以后经中央组织专家进一步研究，成了著名的863计划。航天技术是其中的第二领域，简称863-2领域。863-2领域成立了863-2专家委员会，首席科学家是屠善澄。

863-2专家委员会下设两个专题专家组：863-204专家组为大型运载火箭及天地往返运输系统专家组，首席科学家为钱振业；863-205专家组为空间站及其应用专家组，首席科学家为韦德森。论证的焦点是中国载人航天第一步怎么走，是搞航天飞机还是搞多用途飞船？

1987年4月下旬，204专家组通过招标通告形式，研究确认向有优势的单位——航天工业部、航空工业部和中国科学院所属院所（约60个单位）发出招标通告，得到了积极的响应。在经过不到两个月的时间，共提出了11种天地往返运输系统技术途径。经第六次204主题专家组认真研究，选择5种方案作为第一步，分别与6个论证单位于1987年9月前签订了论证合同。这5种方案如图6-1所示。

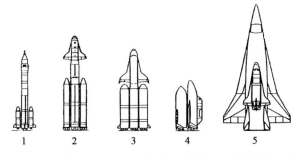

1. 北京空间机电研究所提出的多用途飞船方案
2. 中国运载火箭技术研究院联合论证组提出的天骄号小型航天飞机方案
3. 带主动力航天飞机方案
4. 火箭飞机方案
5. 空天飞机方案

图6-1　204专家组组织论证的5种天地往返运输系统的方案

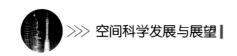

1.3 北京空间机电研究所提出的多用途飞船方案

北京空间机电研究所隶属于中国空间技术研究院。该所科研人员早在1986年4月22日至24日，在中国空间技术研究院召开的第一次太空站讨论会上，就提出了中国采用飞船向空间站运人运货、载人飞船兼作轨道救生艇的建议。

自1986年5月，该所成立了专门的组织从事中国载人航天技术发展途径研究与多用途飞船概念研究，达4年之久，撰写了多篇研究报告及论文，为中国选择以飞船起步的正确载人航天发展技术途径及工程的立项起到了重要的作用。由钱振业、董世杰、李颐黎、李惠康主编的《中国载人航天技术发展途径研究与多用途飞船概念研究文集（1986年至1991年）》（以下简称《文集》）一书，已于2013年3月由中国宇航出版社公开出版，该《文集》真实记录了这一段技术发展史。

1989年6月30日李惠康、李颐黎撰写了《多用途飞船可行性论证报告摘要》一文，并上报于中国空间技术研究院和航空航天工业部。该文中提出的多用途飞船的试验飞船为由轨道舱、返回舱、推进舱组成的返回舱居中的三舱方案，如图6-2所示（图中尺寸的单位为mm）。多用途飞船模型的照片如图6-3所示。

多用途飞船的主要技术指标如下：

（1）飞船质量：

入轨质量：7 200 kg；

返回质量：3 000 kg；

起飞质量：10 700 kg（包括飞船7 200 kg、整流罩1 800 kg和救生塔1 700 kg，其中整流罩和救生塔暂定在120 km高度抛离）。

（2）运载能力：

①载人飞船：

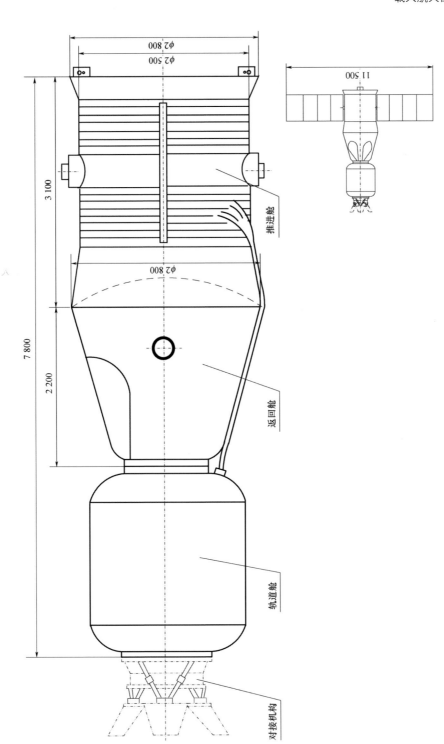

φ2 800
φ2 500

3 100

φ2 800

7 800

2 200

推进舱

返回舱

轨道舱

对接机构

11 500

图6-2 多用途飞船的试验飞船状态外形图

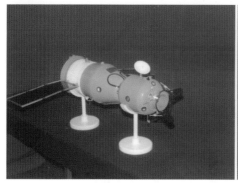
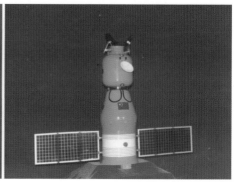

图6-3　多用途飞船的试验飞船1:10模型的照片(左:侧视图;右:俯视图)

试验飞船：乘员2人，有效载荷500 kg；

运输飞船：乘员3人，有效载荷300 kg。

②运货飞船：

单程送货飞船：无人，有效载荷3 500 kg；

往返运货飞船：无人，送往空间站有效载荷1 500 kg，返回地面有效载荷1 200 kg。

（3）轨道参数：

轨道倾角：50°~60°；

轨道高度：400~500 km圆轨道。

（4）自主飞行时间：

乘员3人，飞行13天；

乘员2人，飞行20天。

（5）再入过载：

再入过载不大于4g。

（6）着陆方式：

着陆方式为垂直、定点和软着陆。

上述技术指标是根据长征2号E运载火箭从西昌卫星发射场发射的运载能力和863-204专家组提出的天地往返运输系统的论证要求确定的。

1.4 小型航天飞机与多用途飞船的比较论证

1989年10月，鉴于航空航天工业部个别单位对于中国航天以多用途飞船起步仍有不同意见，坚持主张以小型航天飞机起步，根据航空航天工业部刘纪原副部长提出的建议，航空航天工业部科技委主任孙家栋和副主任庄逢甘主持召开了小型航天飞机与多用途飞船比较论证会。中国空间技术研究院科技委主任王希季和北京空间机电研究所董世杰、李惠康、李颐黎等参加了会议。李颐黎代表中国空间技术研究院发言，他说："我代表中国空间技术研究院向各位领导和专家汇报我院提出的多用途飞船的方案设想，我院同志上上下下一致认为发展多用途飞船是我国实现突破载人航天，形成空间站第一代天地往返运输系统和作为轨道救生艇的适合中国国情的最佳选择。"接着，他从以下六个方面论证了多用途飞船作为最佳选择的依据。

（1）根据择优跟踪的原则应选择多用途飞船。

（2）兼作救生艇用的飞船是载人空间站系统最有效的救生手段，是空间站不可缺少的组成部分。

（3）人货分运是一条公认原则。

（4）飞船可以采用先进的多舱组合形式。

（5）近期采用飞船做天地往返运输最经济。

（6）飞船系统有很强的生命力和广泛的用途。

最后，李颐黎又从任务和要求的适应程度、技术基础情况、配套项目规模、投资费用、研制周期等五个方面进行了列表比较。认为从任务和要求适应程度看，小型航天飞机有所不足，而飞船完全能够满足任务的各项要求；从技术基础上看，我国尚不具备研制小型航天飞机的技术基础，但具有研制飞船的技术基础；从经费比较上看，以小型航天飞机作为运输工具是我国航天技术经费所不能支持的，而以飞船作为运输系统是我国航天

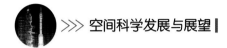

高技术经费所能支持的；从研制周期看，目前小型航天飞机研制周期过长，不宜列入工程项目，而飞船研制周期符合一般列入航天工程项目的条件。因此，可以得出这样的结论：发展多用途飞船是中国突破载人航天、形成空间站的第一代天地往返运输系统和作为轨道救生艇的适合中国国情的最佳选择。

2 中国的神舟号载人飞船方案为什么选择三舱方案

2.1 1991年航空航天部组织的飞船方案论证中的飞船方案

在863-2专家委员会组织开展中国载人航天发展途径和技术方案论证的同时，航空航天部提出了《关于发展我国载人航天技术的建议》，建议中国载人航天以飞船起步。

1991年4月，航空航天部在北京召开会议，研究载人飞船工程技术指标和技术要求，会议要求各单位进行飞船方案论证工作。当年年底，中国空间技术研究院、中国运载火箭技术研究院和上海航天技术研究院3个单位分别提出了载人飞船方案，这些方案可以分为三类。

第一类：轨道舱在前、返回舱居中、推进舱在后的三舱方案（见图6-2）；

第二类：返回舱在前、轨道舱居中、推进舱在后的三舱方案；

第三类：返回舱在前、推进舱在后的两舱方案。

第二类返回舱在前的三舱方案，虽然发射段大气层内逃逸救生时逃逸飞行器只需带走一个舱段（返回舱），比较简单，但是由于返回舱底部无法安装舱门，只好在返回舱与轨道舱外侧加一个硬通道，导致航天员往来于返回舱与轨道舱之间十分困难，所以未被采用。

第三类两舱方案虽然构型简单，但安全性比较差，难以完成各项任务，所以未被采用。

第一类轨道舱在前、返回舱居中、推进舱在后的三舱方案，虽然在发射段大气层内逃逸救生时逃逸飞行器要带走两个舱段（轨道舱和返回舱），但有利于各项任务的实施。在载人飞船初期飞行试验阶段载人飞行任务完成后，轨道舱还可以留轨继续飞行，进行科学实验。所以，航空航天部决定采用第一类方案向中央上报。

2.2 1992年的神舟号飞船总体方案为什么选择了返回舱居中的三舱方案

1992年1月8日，中央专委听取了关于发展中国载人飞船工程立项的建议。认为从政治、经济、科技、国防等诸多方面考虑，发展中国载人航天是必要的，并决定由国防科工委负责，组织载人飞船工程的技术、经济可行性论证，这一工程的代号是921工程。921工程中的飞船于1994年被命名为神舟号载人飞船。

2.2.1 神舟号载人飞船的任务

1992年年初，载人航天工程确定了第一步任务——载人飞船工程。载人飞船工程任务，即在确保安全可靠的前提下，从总体上体现中国特色和技术进步。它完成以下四项基本任务：

（1）突破载人航天基本技术。

（2）进行空间对地观测、空间科学和技术试验。

（3）提供初期的天地往返运输器。

（4）为载人空间站工程大系统积累经验。

载人飞船系统主要任务是在整个飞行期间为航天员提供必要的生活和工作条件，为有效载荷提供必要的保障条件；并在应急状态下采用救生措施，保障航天员的生命安全。

2.2.2 神舟号飞船总体设计方案的选择

在1992年开展的载人飞船工程技术经济可行性论证中，首先论证了载人飞船总体方案，重点论证了返回舱居中的三舱方案和带有制动段的两舱

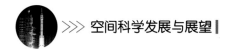

方案。

2.2.2.1 方案Ⅰ——返回舱居中的三舱方案

方案Ⅰ飞船本体由轨道舱、返回舱、推进舱和附加段（交会对接状态时为对接机构）组成。发射段状态下附加段位于最上部，往下依次为轨道舱、返回舱和推进舱。发射段状态轨道舱及推进舱的太阳电池阵均未展开，呈收拢状态，如图6-4所示（图中尺寸的单位为mm）。

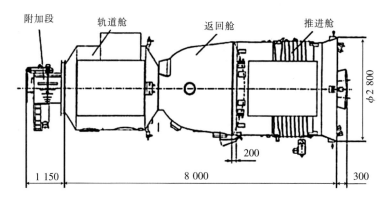

图6-4　方案Ⅰ飞船发射状态外形图(太阳电池阵未展开)(1992年,载人飞船初期试验状态)

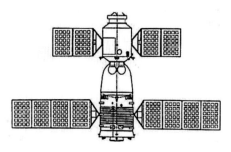

图6-5　方案Ⅰ飞船在轨飞行的俯视图
(1992年,载人飞船初期试验状态)

图6-5为飞船在轨飞行的俯视图，是在飞船入轨后两对太阳电池阵均已展开后的外形。

方案Ⅰ在发射段大气层内实施逃逸救生时需由逃逸飞行器将返回舱和轨道舱一起带走，然后返回舱从逃逸飞行器中分离，打开降落伞，航天员乘坐返回舱着陆。方案Ⅰ的逃逸飞行器如图6-6所示。

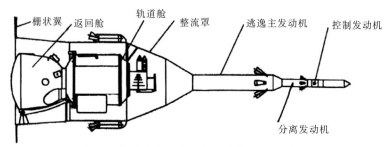

栅状翼　返回舱　　轨道舱　整流罩　　逃逸主发动机　控制发动机

分离发动机

图6-6　方案Ⅰ的逃逸飞行器的构型（1992年）

2.2.2.2 方案Ⅱ——两舱方案

方案Ⅱ的飞船由返回舱和推进舱两舱组成，返回舱上还带有一个制动段。方案Ⅱ的轨道运行段上的构型如图6-7和图6-8所示（图中尺寸的单位为mm）。

返回舱是航天员的座舱，航天员乘该舱返回地面。方案Ⅱ飞船由于没有轨道舱，需有人照料的有效载荷及航天员的食物均应放在返回舱内。推进舱内安置4台变轨发动

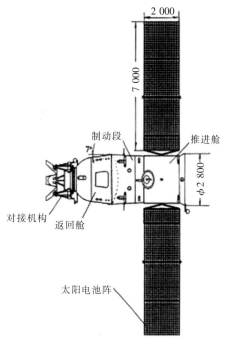

2 000

7 000

制动段　　推进舱

7°

φ2 800

对接机构　返回舱

太阳电池阵

图6-7　方案Ⅱ在轨构型俯视图（1992年）

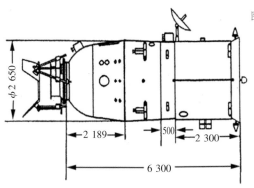

φ2 650

2 189　　500　　2 300

6 300

图6-8　方案Ⅱ在轨构型侧视图（1992年）

机，在发射段抛掉整流罩后出现应急情况下，变轨发动机能提供救生时的变轨动力；正常情况下，它提供运行段飞船变轨机动冲量。

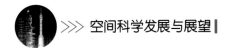

返回舱后面是一个制动段，制动段的制动发动机提供返回制动变轨的动力。

方案Ⅱ无留轨利用的功能。

两舱方案的整个飞船放置在最大直径为4.2 m、锥部半锥角为17°的整流罩内，整流罩前端为逃逸塔架和逃逸发动机组。

在正常情况下，当飞行到110 km高度时抛掉逃逸发动机组、塔架和球头组成的部分，然后将整流罩抛掉，使飞船暴露在空间，以便飞船分离、入轨。当发射阶段抛整流罩前出现应急情况时，则由逃逸飞行器将返回舱带走，实现对航天员的救生。

两舱方案的逃逸飞行器的组成如图6-9所示（图中尺寸单位为mm）。

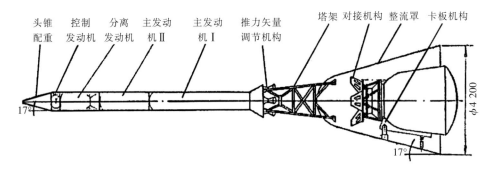

图6-9　方案Ⅱ——两舱方案的逃逸飞行器的组成(1992年)

2.2.2.3 三舱方案和两舱方案的比较和选择

方案Ⅰ（三舱方案）和方案Ⅱ（两舱方案）的比较如表6-1所示。

从表6-1可见，方案Ⅰ除了因逃逸飞行器需采用栅状翼而有一定难度外，其余比较项目方案Ⅰ明显优于方案Ⅱ，方案Ⅰ可更好地完成四项基本任务，当时认为栅状翼技术通过攻关可以按期完成。因此，1992年年底决定选择方案Ⅰ（即返回舱居中的三舱方案）作为中国神舟号载人飞船的方案。

表 6-1　三舱方案和两舱方案的比较

序号	比较项目	方案 Ⅰ	方案 Ⅱ
1	完成四项基本任务	可全面完成	可基本完成
2	满足技术指标	全面满足国防科工委下达的技术指标：在运输能力上满足运送三名航天员并上行 300 kg 的有效载荷要求	基本满足科工委下达的指标：在运输能力上满足运送三名航天员的要求，但只能上行 100 kg 的有效载荷
3	载人舱自由容积（不计有效载荷容积）	返回舱自由容积 3.2 m³；轨道舱自由容积 3.5 m³；总计自由容积 6.7 m³	返回舱自由容积 4.1 m³；轨道舱自由容积 0 m³；总计自由容积 4.1 m³
4	留轨利用	轨道舱可以在主任务完成后留轨利用，进行空间科学技术试验	无留轨利用
5	技术难度	逃逸飞行器用栅状翼；降落伞面积较小(200 m² 翼伞)	逃逸飞行器不用栅状翼；降落伞主伞面积较大(250 m² 翼伞)
6	交会对接	易于安放光学成像敏感器和目视观察	难于安放光学成像敏感器和目视观察
7	出舱活动	航天员由轨道舱出舱，出舱时返回舱内部处于一个大气压状态	由返回舱出舱，出舱时返回舱内部处于应急状态(零压力状态)

2.2.2.4 方案Ⅰ（三舱方案）的实施结果

中国载人航天工程第一步任务的完成和第二步任务的实施，体现了1992年提出的三舱方案的可行性和优越性。

现仅对表6-1中的序号为3~7的比较项目做如下说明：

（1）载人舱自由容积（不计有效载荷容积）。由于三舱方案载人舱自由容积为6.7 m³，比两舱方案载人舱自由容积（4.1 m³）大2.6 m³，所以为神舟6号执行2人5天飞行任务提供了比较充足的存放食物、水的空间和航天员的活动空间；为神舟7号飞船执行航天员出舱活动时提供了两套舱外

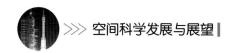

航天服的存放空间和两名航天员穿、脱舱外航天服的空间以及轨道舱泄复压控制设备所需的空间。

(2)留轨利用。由于选择了三舱方案，神舟2号至神舟6号共5艘飞船实现了轨道舱的留轨利用，完成了大量的科学实验项目（详见第7节）。

(3)技术难度。在决定采用三舱方案后，运载火箭系统按时完成了逃逸飞行器使用的栅状翼等逃逸系统的攻关任务，飞船系统按时完成了发射段大气层内救生技术的攻关任务。1998年成功地完成了零高度逃逸救生飞行试验。2003年至2008年载人飞船工程发射段逃逸救生系统，顺利完成三次载人飞行任务（值班状态）。

采用三舱方案时返回舱的质量只相当于两舱方案返回舱质量的80%。在方案设计阶段，将主份伞的降落伞由翼伞改为普通伞（原因见第5节），因此三舱方案的主份伞的主伞面积为1 200 m²时，已成为研制中的关键技术项目，如果采用两舱方案，则主份伞的主伞面积将达到1 440 m²，将大大增加攻关的难度。

(4)交会对接。采用三舱方案，在轨道舱外易于安装光学成像敏感器等交会对接设备；而如果采用两舱方案，则需在返回舱外安装光学成像敏感器等设备，这样会对返回舱再入的气动外形产生干扰，要避免这一干扰，还需在返回舱再入大气层前将这些设备分离掉。

(5)出舱活动。神舟7号飞船上完成了太空中航天员的舱外活动。由于采用了三舱方案，可以使轨道舱既作生活舱又兼作气闸舱。当航天员翟志刚出舱时，航天员刘伯明（他也穿着舱外航天服）在舱门口接应他，而此时返回舱舱内仍处于1个大气压状态，航天员景海鹏密切监视仪表板上显示的飞船工作状态。而如果采用两舱方案，当航天员出舱前要把返回舱完全泄压，增加了返回舱设备出故障的概率，而且舱内航天员既要接应出舱航天员，又要监视仪表和处理飞船的故障，容易出现顾此失彼的问题。

综上所述，中国载人航天工程的实践表明，选择三舱方案作为神舟号载人飞船的方案是可行的、正确的。

3 神舟号飞船总体方案与返回方案中主要有哪些优化项目

1993年至1995年，在神舟号飞船方案设计阶段，对飞船的总体技术方案及返回技术方案做了进一步的优化。主要优化项目为：航天员座椅相对于飞船返回舱姿态的分析与返回舱总体布局的确定；采用普通伞加开伞点风修正技术替代原来翼伞回收方案；发射段大气层外救生利用飞船上的变轨发动机实现海上定区着陆的详细设计；轨道舱留轨利用的详细设计。

4 航天员座椅相对于飞船返回舱的方位分析

在中国载人航天工程第一步任务的可行性论证阶段，提出了飞船回收着陆分系统主份伞的主伞采用冲压式翼伞和普通伞两种方案。在方案设计阶段，需对这两种方案做进一步研究。

选用何种伞型和返回舱的总体布局密切相关。载人飞船的返回舱是航天员的座舱，在发射阶段和返回阶段以及应急救生过程中全部乘员都在返回舱内，乘员要承受较大的过载，而航天员在各方向所能承受的过载值是不相同的，因此航天员及航天员座椅在返回舱中的姿态要求是返回舱总体布局中必须考虑的首要问题。

1992年年底至1993年2月，李颐黎在分析了联盟号飞船及阿波罗号飞船返回舱布局与各飞行阶段航天员承受过载的情况后，提出了神舟号飞船座椅相对于返回舱的姿态要求，即采用了座椅在返回舱内的方位为椅背与返回舱纵轴呈70°角度的方案，如图6-10所示。图中，V为飞行速度；R为气动力合力；L和D分别为升力和阻力；N和T分别为法向力和轴向力；M为气动力矩；α_{tr}为配平攻角；Φ为气动力合力与人背夹角；Ψ为气动力合力与返回舱纵轴的夹角；δ为质心偏离纵轴的距离；x_a和x_g为气动力中心和质心的坐标。

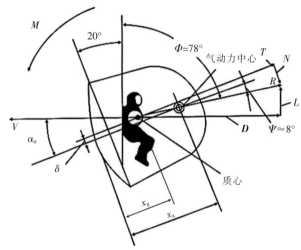

图6-10 返回舱以配平攻角飞行时的气动力和中间座椅上的航天员的位置和姿态

这样的座椅方位使得在待发射段航天员躺在座椅上会感到舒适，入轨后又便于观察仪表板和通过光学瞄准镜观测地面，在返回时承受的过载使航天员压向座椅而不是离开座椅，且头臀方向受力与胸背方向受力之比约为0.21，航天员在这种姿态下所能承受的过载较大，如图6-11所示。

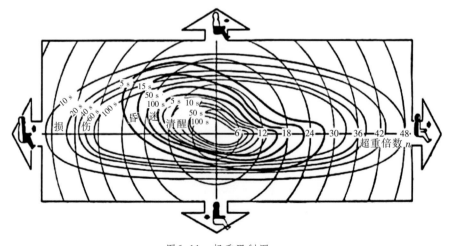

图6-11 超重限制图

5 返回舱总体布局的确定

在航天员座椅的方位选定后，回收与着陆分系统的降落伞只能布置在航天员头顶斜上方的返回舱侧壁上。神舟号飞船返回舱的总体布局如图6-12和图6-13所示（图6-12中的尺寸单位为mm）。

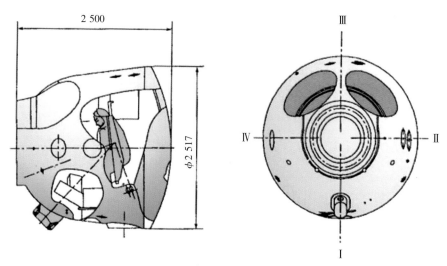

图6-12　神舟号飞船返回舱总体布局

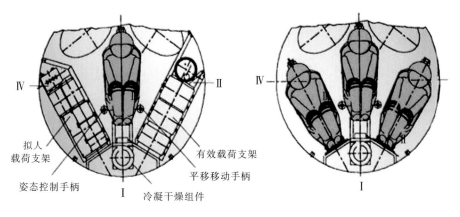

图6-13　神舟号飞船返回舱座椅区布局

6 为什么采用普通伞加开伞点风修正技术方案

6.1 冲压式翼伞定点回收方案的研究

冲压式翼伞的控制一般是存在控制死区的，为此，李颐黎等人进行了研究，给出了具有死区的非比例归航控制翼伞系统的飞行轨道的计算方法[2]。

李颐黎应用文献[2]给出的方法，对飞船定点着陆方案进行了研究。将所谓飞船定点着陆定义为飞船在完成飞行任务后在预定着陆场软着陆时其着陆点散布在一个相当小的范围（在该文中，当此预定着陆场中心为圆心、半径不超过500 m的圆形区域）。仿真计算实例表明，在逆风情况下，翼伞的归航能力明显不足，只有保证返回段制导精度较高，并适当选取瞄准点位置方能实现定点着陆[3]。

飞船系统总体与回收着陆分系统分析了采用普通伞回收和翼伞回收方案，取得了下列共识：

（1）翼伞方案是指回收着陆的主份伞的主伞采用冲压式翼伞，用于在有地面归航控制设备的主着陆场或副着陆场使用。而在没有地面归航控制设备的应急着陆区，只能采用备份伞（普通伞）着陆，另外，在主份伞失效的情况下仍要采用备份伞（普通伞）着陆，主、副着陆场的着陆区也必须按备份伞（普通伞）工作状态下的着陆点散布选取，因此采用翼伞方案对于着陆场范围的大小与采用普通伞方案是一样的。

（2）翼伞方案技术复杂。该方案表明，回收与着陆分系统既要研制主份伞的减速伞加主伞（翼伞），又要研制备份伞（普通伞）。这对于当时中国冲压式翼伞技术储备不足的情况来说，使回收着陆分系统负担过重，在规定时间内攻不下翼伞的关键技术的风险较大。

（3）冲压式翼伞方案对飞船总体的要求过高。由于翼伞是具有升力的滑翔伞，在没有风的情况下，一般的翼伞约有7 m/s的水平速度，虽可以在着陆前用拉下翼伞连接后缘的一组伞绳的方法，使后缘下偏、水平速度迅速减少，实现所谓的"雀降"。但是一旦"雀降"失灵，会导致返回舱剧烈翻滚。为避免出现这种情况，返回舱应在着陆前伸出一组滑轮，使返回舱在一片平坦的水泥地面着陆，像飞机在跑道上降落一样。但这样一组滑轮在飞船再入大气层过程中必须缩在返回舱内，像飞机的起落架一样，这不但加大了飞船的质量，增加了飞船布局的难度，还会给返回舱防热带来不利的影响。

综上所述，在方案设计初期研制人员做了上述分析后，决定放弃翼伞方案，而采用普通伞方案下的开伞点风修正技术方案。

6.2 普通伞方案下的开伞点风修正的技术方案

6.2.1 开伞点风修正技术方案的原理

开伞点风修正技术方案的原理如图6-14所示。返回舱的理论着陆点为点O，飞船的制导、导航与控制分系统（以下简称GNC分系统）在飞船下降至20 km左右高度时开始停止控制，再下降至10 km左右高度，弹伞舱盖和降落伞系统工作。如果开伞点在点O上空，由于开伞后的返回舱是随风漂移的，所以返回舱不会落在点O，而是落在点P'。点P'与点O的距离一般达10~20 km。如果将GNC分系统设计的开伞点选在点P上空（POP'为一直线，且$PO=OP'$），GNC分系统没有控制误差且对风场预报准确的话，那么返回舱开伞后就会落在点O。因此，可以根据高度10 km以下预报的风场数据（风的大小和方向随高度变化的一组数据）算出点P的位置，并将点P的位置在飞船返回前注入飞船，使飞船GNC分系统停控点的星下点瞄准点P的位置，就可以大大消除高度为10 km以下风场对返回舱着陆点的影响，提高飞船着陆点的精度。

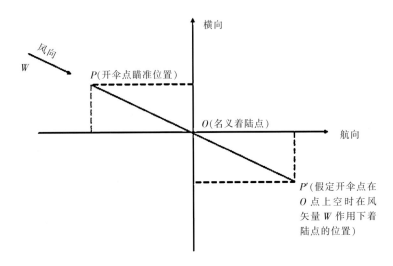

图6-14　开伞点风修正技术

6.2.2 在普通伞方案下采用开伞点风修正技术的效果

在普通伞方案下，采用开伞点风修正技术后使返回舱着陆点精度大大提高。神舟6号飞船在完成预定的5天飞行任务后，返回舱载着航天员返回，于2005年10月17日4时33分安全着陆，实际着陆点距离瞄准的理论着陆点仅1.7 km，航天员费俊龙、聂海胜自主出舱。实际着陆点与理论着陆点偏差如此小的原因是飞船总体与GNC分系统等密切配合，通力合作，采用了"风修正技术"。在神舟6号飞行控制准备工作中，神舟6号飞船总体、GNC分系统、回收着陆分系统进行了风修正方案的演练，实际飞行控制中着陆场系统按计划进行了准确、系统的测风。北京航天指挥控制中心在设计部门的配合下进行了准确的风场预报及GNC分系统的开伞点参数的注入，由于GNC分系统控制精度高，风修正技术准确实施，从而神舟6号飞船着陆点控制得很准。主着陆场的着陆区如图6-15所示。

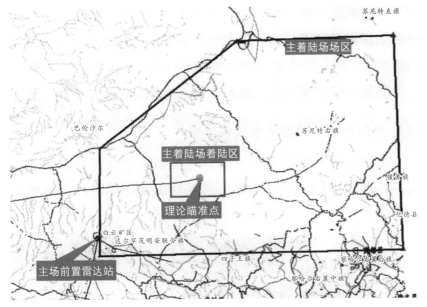

苏尼特左旗

主着陆场场区

巴伦沙尔

苏尼特右旗

主着陆场着陆区

镶黄旗

理论瞄准点

化德县

白云矿区
达尔罕茂明安联合旗

主场前置雷达站

四子王旗

察哈尔右翼后旗

察哈尔右翼中旗

图6-15　中国载人航天主着陆场

7　发射段大气层外救生海上定区着陆方案的巧妙设计

7.1 海上定区着陆方案 [4]

　　1992年，在神舟号飞船技术经济可行性论证中，提出为了保证航天员的生命安全，确定了"发射段全程逃逸救生"的原则。在贯彻这一原则时遇到一个难题：从运载火箭起飞一直到入轨前不久的时间内，一旦发生故障，飞船的返回舱落点都不一样，其范围达7 000多千米。在从酒泉到青岛约1 800 km的陆地航迹上，可以通过在几个地点布设直升机的办法进行搜救，但是还有5 000多千米的航迹在海上，显然，在这么长的航迹上进行海上打捞、救援是个难题。为了解决这个难题，飞船系统提出了利用飞船自身的导航能力和发动机的动力，把海上溅落区调整在几个较小区域的方案，其飞行程序如图6-16所示，得到了载人航天工程总体和其他系统的支持。

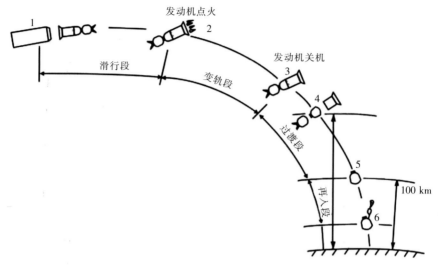

图6-16 发射段大气层外应急救生模式Ⅵ的飞行程序

1994年2月，中国运载火箭技术研究院总体设计部向中国空间技术研究院空间飞行器总体设计部提供了"长征2号F方案设计正常偏差弹道计算"的数据，该文为按定时偏差（即对应于某个固定时间的弹道参数偏差）计算的结果。计算结果表明按定时偏差计算的弹道偏差过大，不能满足发射段大气层外应急救生的要求，经过飞船系统研制人员的研究，建议发射段大气层外救生方案采用定速偏差（即对应于某个固定速度的弹道参数偏差）设计，为此，需运载火箭系统重新计算轨道。7月15日，运载火箭将按定速偏差计算的发射段轨道提供给飞船系统，飞船系统据此较好地设计出发射段大气层外应急救生轨道，攻克了这一技术难题。

7.2 海上定区着陆方案的实施效果 [4]

发射段大气层外救生海上定区着陆方案，通过巧妙地利用飞船上的动力，可以将返回舱的海上溅落点压缩在3个较短、较窄、总长约2 000 km的"小区"内，分别称为海上应急溅落海域A区、B区和C区，如图6-17所示。由于海上应急溅落海区面积较小，大大节约了打捞船的数量和投资。

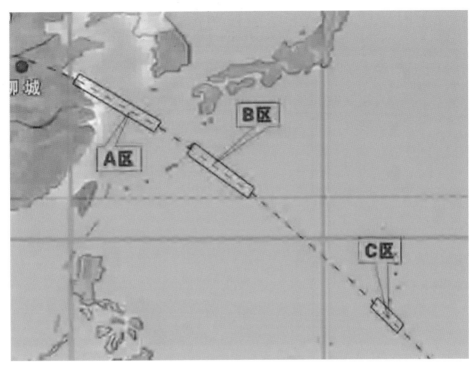

图6-17　发射段大气层外应急救生的海上应急溅落海域

8 轨道舱留轨利用是如何设计及实施的

8.1 轨道舱留轨利用的设计 [4]

神舟2号飞船至神舟6号飞船在完成轨道运行段的任务，在飞船返回前，整船向左偏航90°，然后轨道舱（含附加段）与返回-推进舱分离。轨道舱留在约350 km高度的轨道上工作半年左右，相当于一颗卫星，这叫作轨道舱的留轨利用。轨道舱留轨过程如图6-18所示。

下面以神舟6号飞船为例，说明具有留轨任务的轨道舱的设计。

轨道舱的功能体现在飞船自主飞行期间。轨道舱是航天员的生活舱，供航天员在轨道运行段生活、休息、睡觉等使用；飞船完成在轨飞行任务后，返回舱返回地面，轨道舱（含附加段）继续留轨运行进行有效载荷分

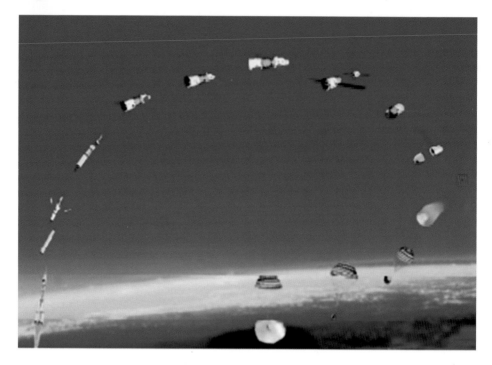

图6-18 神舟2号至神舟6号飞船发射、运行、留轨和返回设计

系统的各项试验。

　　根据轨道舱的功能，安排相关设备的布置。轨道舱的总体布局如图6-19所示。电源分系统的左、右太阳电池阵布置在Ⅱ、Ⅳ象限线，发射时呈压紧状态，固定在舱壁上。两个分流调节器分别安装在两个太阳电池阵的三角形支架上，两个驱动机构分别和左、右太阳电池阵布置在同一象限线上。推进分系统的挂舱组件（内含轨道舱推进剂贮箱）布置在Ⅲ偏Ⅱ象限线圆柱段下部，四个发动机组均布在圆柱段下端，作为留轨后轨道舱运动控制的执行机构。制导导航与控制分系统（GNC分系统）的红外地球敏感器探头、数字式太阳敏感器探头、模拟式太阳敏感器探头等安装在轨道舱外表面及太阳电池阵上。

　　轨道舱的内壁上布置有排气泄压组件、磁力矩器、轨道舱照明灯。轨道舱内两侧的安装板上布置有环控生保分系统的大小便收集装置、尿液贮箱、除臭装置、冷凝干燥组件、环控检测装置、传感器组件等；乘员分系统的食品加热器、人体代谢参数检测设备；电源分系统的留轨电源中心控制器、镉镍电池、留轨电源驱动器；数据管理分系统的中央单元以及远置单元；供配电的火工控制装置；GNC分系统的陀螺线路、姿态轨道控制器及其接口装置、动量轮、轨道舱太阳敏感器线路等；测控与通信分系统的遥控解调器、统一S波段测控应答机等；有效载荷分系统的二次电源、精确接收机等。结构与机构分系统的火工分离推杆和轨道舱与返回舱的连接分离装置等位于轨道舱的后端部。

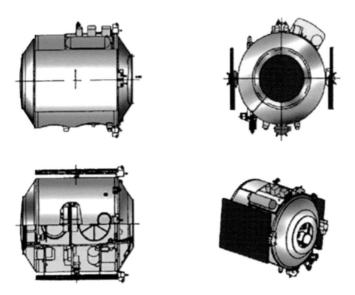

图6-19　神舟6号飞船轨道舱总体布局

　　轨道舱直径2 250 mm、长度2 800 mm。轨道舱Ⅰ象限线附近有一个圆形的舱门，用于航天员进出轨道舱。在发射前，航天员先进入运载火箭的整流罩舱门，再由轨道舱舱门进入轨道舱，最后由返回舱舱门（在返回舱和轨道舱之间）进入返回舱，坐在指定的座椅上。

　　除轨道舱和返回舱可以安装空间应用系统的有效载荷外，轨道舱前端的附加段也用于安装空间应用系统的有效载荷。

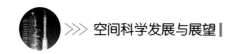

8.2 轨道舱留轨利用实施效果 [4]

在神舟2号至神舟6号飞船轨道舱留轨利用的半年左右的时间中，留轨舱均正常工作，为中国载人航天工程第一步任务的空间应用系统完成大量空间应用试验创造了良好的条件。现列举如下一些典型的试验项目：

在神舟2号飞船的轨道舱留轨利用期间，进行了空间天文观测和空间环境监测等试验，获取了大量的试验数据。

在神舟3号飞船的轨道舱留轨利用期间进行了对地遥感应用试验、空间环境监测和地球环境监测试验。空间环境监测获得了十分有价值的空间大气环境数据，地球环境监测也取得了初步成果。

在神舟4号飞船的轨道舱留轨期间，轨道舱的空间环境探测仪器的实时监测结果对研究"空间天气"的变化规律和对飞船的影响，以及开展"空间天气预报"都十分重要。

在神舟5号飞船的轨道舱和附加段装有一些参试设备，如微重力测量仪，高能电子探测器和高能质子重离子探测器等。在轨道舱留轨运行6个月期间，先后进行了一系列空间环境监测和空间定位等科学试验、科学探测与研究，获取了一批具有国际领先水平的科学和应用成果，全面提升了我国空间科学研究和技术发展的水平。

应该指出，轨道舱留轨利用不但使空间应用项目取得成果，而且试验了高度为200~400 km长期运行的航天器技术。例如，在该高度上含有原子氧等粒子的空间环境长期作用于太阳电池阵，有可能对其发电效率有不利的影响。

因此，轨道舱留轨利用也为建立比较长期的低轨运行的空间实验室积累了经验。

⑨ 神舟号飞船推进舱的布局有哪些特点

神舟号飞船推进舱的功能是在飞船自主飞行及返回制动过程中为飞船提供推力，以改变飞船的飞行轨道和控制飞船的姿态。同时，推进舱上安装有电源、环控与生保、制导导航与控制、结构与机构、测控与通信等分系统的大量设备，以支持飞船在轨工作及返回任务。

推进舱是一个非密封的金属结构的舱，总长3 051 mm，最大直径2 800 mm。推进舱外部布局如图6-20所示。两个太阳电池阵分别布置在Ⅱ、Ⅳ象限线，发射时呈压紧状态固定于舱壁上。两个分流调节器分别安装在两个太阳电池阵的三角形支架上。两个太阳电池阵驱动机构分别布置在直筒段中部Ⅱ、Ⅳ象限线，为两个太阳电池阵提供安装机座面。热控分系统的外回路系统设备安装在舱体外壁上。推进分系统的推进舱子系统中用于变轨和返回制动的四台变轨发动机均匀分布在锥段上，喷口露出后端框。制导、导航与控制分系统的数字式太阳敏感器探头安装在舱体外壁Ⅲ象限线上；模拟式太阳敏感器探头有五件，一件安装在Ⅲ象限线舱体外壁的安装支座上，另外四件对称地安装在太阳电池阵上。

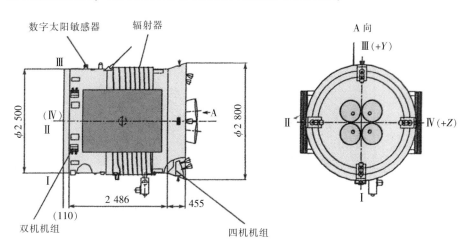

图6-20　神舟号飞船推进舱的布局(太阳电池阵未展开状态)

推进舱内垂直于纵轴的几个平面上，布置了多个用于安装仪器的圆盘形结构，飞船推进舱内的热控、推进、电源、数管等分系统及供配电的一些设备安装在仪器圆盘上。

10 长征2号F运载火箭–神舟号飞船零高度逃逸救生飞行试验的实况

1998年10月19日9时30分，在中国酒泉卫星发射中心进行了长征2号F运载火箭–神舟号飞船的零高度逃逸救生飞行试验。所谓零高度逃逸救生飞行试验是指模拟当运载火箭竖立在发射台上（即飞行高度为零）时运载火箭出现致命性故障时的逃逸救生飞行试验。试验模拟了真实的飞行程序，返回舱着陆点准确，试验取得了圆满成功（见图6-21）。从图6-21可见，返回舱的实际着陆点既在当日6时37分预报的着陆点散布区内，也在当日8时30分预报的着陆点散布区内[5]。图6-22为本书作者在飞行试验前的试验现场的照片。图6-23为零高度逃逸救生飞行试验实况。

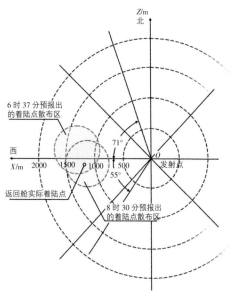

图6-21 零高度逃逸救生飞行试验的返回舱
的预报着陆点散布区与实际着陆点

图6-22 本书作者（李颐黎）在零
高度逃逸救生飞行试验
前的试验现场

(a)神舟号飞船与整流罩组装

(b)检查组装后的逃逸飞行器

(c)逃逸飞行器点火起飞

(d)返回舱从逃逸飞行器中分离

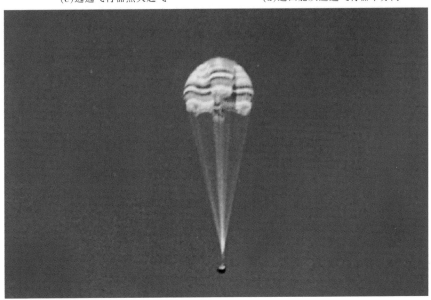
(e)返回舱乘正在张开的主伞下降

图6-23　零高度逃逸救生飞行试验实况

11 亲历中国首次载人航天飞行——神舟5号飞船的飞行任务

1999年11月20日，无人试验飞船神舟1号发射成功，正常运行，并圆满回收。

2001年年底至2003年年初又相继研制并成功发射了神舟2号、3号和4号三艘无人试验飞船，获得了宝贵的试验数据，为中国首次载人航天飞行打下了坚实的基础。神舟5号是我国第一艘载人的神舟号飞船。

·●相关链接●·

李颐黎巧遇杨利伟、翟志刚和聂海胜

自进入2003年，我（本书作者李颐黎）就和全体神舟5号飞船参试人员一道忙于神舟5号飞船的飞行试验。我是神舟5号飞控试验队的成员，负责神舟5号飞船应急救生分系统的飞控工作和开伞点控制误差及风修正技术方案的制定和实施。我先后编写了《神舟5号飞船应急与故障处理手册》《神舟5号飞船自主应急返回实施要求》《神舟5号飞船紧急返回实施要求》和《神舟5号飞船开伞点控制误差及风修正的技术方案》等技术文件，与航天员有过多次交流。特别在2000年3月，我为中国14名航天员讲授《神舟号飞船总体设计》和《神舟号飞船的应急救生设计》专业课程的过程中，14名航天员刻苦学习、勇于提问，取得了优秀的考试成绩。他们亲切地叫我李老师。

2003年10月12日上午8时许，我在航天协作楼听到了振奋人心的锣鼓声，立即给航天医学工程研究所的机关同志打电话询问是不是航天员要出征了。他说："是，您快到我所门口来吧。"于是我带上照相机马上奔赴航天医学工程研究所参加航天医学工程研究所欢送

航天员前往酒泉卫星发射场的欢送仪式。我首先拍下了身着民族服装、敲打"威风锣鼓"的年轻人热烈欢送航天员出征的场面（见图6-24）。不久，欢送仪式结束。我站在路边，突然看到一辆公务车在我的面前停下，车上的航天员杨利伟发现了我，叫我"李老师"。我说："你好！我给你拍张照片。"于是我手疾眼快地为他拍了一张他满面春风的照片（见图6-25），然后与他热烈握手，并祝他成功。

最后，我到后面的另一辆车，在车窗处与翟志刚和聂海胜握手（见图6-26），并祝他们成功，翟志刚眼里闪烁着坚定而幸福的光芒！

图6-24 2003年10月12日，在航天医学工程研究所门前欢送神舟5号飞船航天员出征（李颐黎摄）

图6-25 满面春风的航天员杨利伟（李颐黎摄）

图6-26 航天员翟志刚与李颐黎（右）热烈握手（张庆君摄）

11.1 神舟5号飞船的主要任务

神舟5号飞船的主要任务如下：

（1）完成首次载人飞行试验。

（2）在整个飞行期间为航天员提供必要的生活与工作条件。

（3）为有效载荷提供相应的试验条件。

（4）确保航天员和回收的有效载荷在完成飞行任务后，安全地返回地面。

（5）在飞行过程中，一旦发生重大故障，在其他系统支持和（或）航天员参与下，能自主或人工控制返回地面，并保证航天员的生命安全。

（6）飞船的轨道舱留轨进行空间应用实验。

11.2 技术状态和主要技术要求

神舟5号飞船最终的技术状态与主要技术要求如下 [7]：

（1）乘员人数1人（指令长兼驾驶员），坐于中间的座椅上（见图6-27）。

（2）飞行时间：自主飞行时间为1天，轨道舱留轨飞行时间约半年。

图6-27 杨利伟在返回舱中训练

（3）座舱内大气环境：舱压名义值为91.3 kPa，允许变化范围为81.0~101.3 kPa。

气体成分：氧氮混合气体；氧分压名义值22.0 kPa，允许变化范围为20~24 kPa；二氧化碳分压不大于1.0 kPa，舱内气体满足航天员安全要求。

温度：21±4 ℃（冷凝干燥组件正常工作与除湿条件下），返回过程不超过40 ℃。

湿度：相对湿度为30%~70%，不得因结霜而出现影响飞船系统正常工作和不利于航天员健康的情况。

（4）座舱内力学环境：

噪声：在飞船的发射段和返回段座舱内的噪声不大于125 dB；在飞船的运行段座舱内的噪声不大于75 dB。

轴向过载：在返回段升力控制式返回时的轴向过载峰值不大于4g（g=9.8 m/s²）；弹道式返回时的轴向过载峰值不大于11g。在发射段应急返回过程中的轴向过载峰值不大于17g。

（5）返回舱通过升力控制，对飞船的着陆点具有一定的调整能力。

（6）着陆后对航天员的支持能力：神舟5号飞船在陆地上着陆时，具有维持航天员在舱内生存48小时的能力。当飞船在海上溅落时具有维持航天员在海上生存24小时的能力。返回舱上安装有多种信标机，具有发送示位信号、进行寻呼通信和标示落点的功能，并有海水染色剂和闪光灯等标位手段。

（7）应急救生：在发射段，抛掉整流罩前的应急救生由运载火箭的逃逸动力装置将带有返回舱的逃逸飞行器加速，脱离故障火箭形成的危险区，然后，返回舱与逃逸飞行器分离，返回舱自主地安全着陆。抛掉整流罩后的应急救生，飞船具有自主完成的能力，并可防止分离后各舱段发生碰撞，利用飞船上的变轨发动机作为动力，可使飞船调整着陆点，或在陆地上着陆，或在海上的三个应急着陆区着陆，或将飞船送入非设计轨道（使飞船在第2圈或第14圈返回）。海上的三个应急着陆区如图6-17所示。

在运行段，因温度、电源、失压等故障，需要自主应急返回时飞船具有在航天员参与下实施自主应急返回、并在6小时内降落在国内外预先选好的约十个应急着陆区之一的能力；具有因严重故障推迟到第二天或第三天返回的能力。

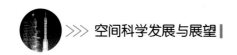

在返回段，飞船具有多重冗余措施，具备发生两次故障仍能安全返回的能力。

（8）轨道舱与返回舱分离后，具有留轨运行约半年的能力，在留轨期间，进行空间科学和技术试验。

这次飞行试验按照白天发射、白天回收的原则组织实施。一名航天员乘坐神舟5号飞船在轨飞行一天返回主着陆场，飞船运行到第14圈执行返回程序。在轨飞行期间，航天员不进入轨道舱、不脱航天服。航天员通过无线信道每圈均可与地面进行通信联系，在测控区内，地面测控站（船）接收航天员生理和图像信息，监视航天员的生理状态和活动情况，并指示航天员完成必要的操作。在需要的时候，航天员可以按照预先规定的程序和地面指令手动补发船箭分离、太阳电池阵展开等重要指令。

11.3 飞行过程

长征2号F运载火箭于北京时间2003年10月15日9时03分从酒泉载人航天发射场起飞，飞行约580 s后船箭分离，将载有中国第一位航天员杨利伟的神舟5号飞船送入预定轨道，如图6-28所示。

飞船入轨后，消除飞船初始姿态偏差正常，飞船建立起对地三轴稳定的飞行姿态；随后推进舱、轨道舱的太阳电池阵展开正常，进入阳照区后推进舱太阳电池阵逐步跟踪到太阳，并开始对镉镍电池充电，如图6-29所示。

飞船进入远望2号航天测量船时，地面收到了飞船上的航天员的话音报告，9时34分杨利伟在太空向地面报告"感觉良好"。

飞船运行到第5圈的远地点附近，实施了变轨，将飞船轨道变为约343 km的近圆轨道，变轨正常。

17时32分飞船在进行第6圈飞行时，杨利伟与地面进行了第一次"天地对话"。飞船在第6圈飞行过程中，杨利伟将数字电视切换至手持摄像

图6-28 运载着神舟5号载人飞
船的长征2号F运载火
箭顺利升空

图6-29 神舟5号飞船入轨后,推进舱、轨道舱
的太阳电池阵展开后的状态示意图

机,地面可以看到杨利伟从返回舱舷窗拍摄到的飞船的太阳电池阵和地球
轮廓,图像效果良好,如图6-30所示。

运行到第7圈,18时40分,杨利伟在太空展示中国国旗和联合国旗帜
(见图6-31),并向地球发出问候。

图6-30 运行到第6圈,杨利伟用摄像机拍摄的
舱外景象

图6-31 运行到第7圈,航天员杨利伟展示
中国国旗和联合国旗帜

在运行期间，杨利伟与他的家人进行了"天地对话"。杨利伟8岁的儿子好像检查工作似地问天上的爸爸："你是否记日记？记了些什么？"……杨利伟一一作答，如图6-32所示。

飞船在整个运行期间进行近百次各种数据的注入，包括自主应急返回地面支持数据注入，均第一次注入就取得成功，数据注入接收及转发给GNC分系统、数据管理分系统的数据正确。由于飞船运行正常，航天员状态良好，在北京航天指挥控制中心的参试人员个个笑逐颜开（见图6-33）。

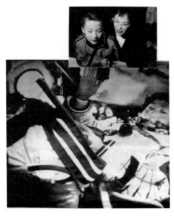

图6-32　天地对话　侠骨柔情　　图6-33　戚发轫总师(右)与李颐黎研究员(左)在北京航天指挥控制中心的指挥控制大厅

在飞船飞行的第9圈开始进行返回前的准备工作，包括给返回舱的推进子系统加温、热控分系统的返回舱进行热控预冷等。

在第14圈飞船的返回段，第一次返回调姿、轨道舱分离、第二次返回调姿、返回制动、推进舱分离，调整返回舱配平攻角、再入升力控制、开伞、着陆反推发动机工作等均正常。神舟5号飞船的返回舱于16日6时23分在内蒙古四子王旗阿木古朗的主着陆场成功着陆，着陆精度满足设计要求，返回舱完好无损，航天员杨利伟自主出舱，状态良好，如图6-34和图6-35所示。神舟5号载人航天飞行任务获得圆满成功。

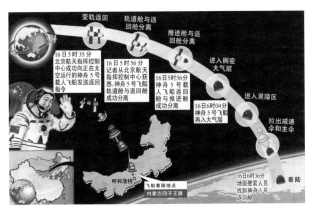

图6-34 神舟5号飞船返回示意图

图6-35 着陆后,航天员杨利伟自主出舱,并在舱口向大家招手,神态自若

11.4 飞行任务主要成果

神舟5号飞船的飞行任务主要成果如下:

(1) 完成了首次载人航天飞行试验,证明了飞船的总体方案及各分系统的方案是正确的。

(2) 在整个飞行期间飞船为航天员提供的生活条件和工作条件能够满足航天员系统的要求,座舱的大气环境、力学环境均满足设计要求。

(3) 确保了航天员和回收的有效载荷在完成飞行任务后安全地返回地面,航天员着陆的冲击过载满足设计要求,返回舱完整无损。

(4) 轨道舱完成了留轨试验任务。

在飞船轨道舱和附加段装有一些参试设备,如微重力测量仪、高能电子探测器和高能质子重离子探测器等。轨道舱留轨运行满6个月,共环绕地球飞行近2 700圈,达到了预期设计寿命,先后进行了一系列空间环境监测和空间定位等科学实验、科学探测与研究,获取了一批具有国际领先水平的科学和应用成果,全面提升了我国空间科学研究和技术发展的水平。

(5) 进一步考核了待发段、发射段的救生功能 (值班状态)。

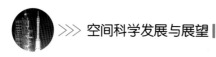

（6）飞船的自主应急返回方案及各种故障预案获得了飞行试验的考核（值班状态）。

（7）通过飞行试验，获取了大量有价值的数据，为后续任务提供了宝贵的经验。

神舟5号飞船——中国第一艘载人飞行的飞船的飞行任务取得了圆满成功，为实现中华民族的飞天梦想做出了巨大的贡献。

2004年1月20日，中国载人航天工程荣获国家科学技术进步奖特等奖，并向多名该奖项的获得者颁发了"国家科学技术进步奖"证书，如图6-36所示。

图6-36 李颐黎荣获的"国家科学技术进步奖"证书

12 亲历2人5天的神舟6号载人飞船的飞行任务

2005年10月12日上午9时，航天员费俊龙和聂海胜两名航天员乘坐神舟6号飞船飞向太空。5天后，神舟6号飞船返回舱于10月17日凌晨4时33分安全着陆在内蒙古四子王旗阿木古朗牧场的主着陆场。

12.1 任务要求

神舟6号飞行的主要目的和特点是：将两名航天员安全送入太空，在轨运行5天完成预定任务后安全返回地面；考核两名航天员在轨运行5天条件下的保障能力，获取有关数据。在轨飞行期间，航天员将脱掉舱内航天服，身着蓝色工作服进入轨道舱，完成规定的操作和试验内容，如图6-37所示。航天员通过无线信道每圈均可与地面进行通信联系，在测控区内，地面接收航天员生理和图像信息，监测航天员的生理状态和活动情况，并指示航天员完成必要的操作。在需要的时候，航天

图6-37　神舟6号上一名航天员进入轨道舱工作，一名航天员在返回舱值班

员可以按照预先规定的程序和地面指令手动补发重要指令；在入轨后的飞行过程中出现致命性故障时，可以自主应急返回，或可以实施手控半自动控制返回。

神舟6号完成了预定的飞行任务有三项：一是继续突破载人航天的基本技术，比如多人多天太空飞行技术；二是继续进行空间科学实验，与前几次航天飞行任务不同的是，神舟6号上进行的实验是中国第一次有人参与的空间科学实验；三是继续考核和完善工程各系统的性能。所以，与神舟5号相比，神舟6号飞行任务主要有以下三个变化：一是航天员人数从1人加到2人；二是飞行天数从1天加到5天；三是航天员首次从返回舱进入轨道舱。

为实现上述任务，神舟6号飞船要突破以下四项基本技术。

一是较长时间的环境控制技术，如舱内除湿、二氧化碳比例控制等。

二是多人多天的生命保障技术。航天员在太空中的基本生活问题必须解决，多人多天在轨飞行中要保证航天员吃上热饭热菜、喝上热水，大小便收集装置要保证不能让气味散发出去，睡袋则要让航天员在太空中能够安睡。

三是长时间的医学监督和医务保障技术。航天员唾液、小便都留样保存，用于研究航天员的内分泌状况，为航天医监医保提供第一手资料。航天员本身也是受试对象，随身携带大量传感器，每时每刻检测心电、血压、呼吸、心率等，这些数据将及时传到地面，以便地面医生了解在各种情况下的人体反应，考察和解决太空运动病问题。

四是人、船运动的相互协调技术。航天员在舱内完成许多动作：脱换舱内航天服、穿舱活动、直接操作实验等，每一个动作都对飞船姿态有扰动影响。人船之间的相互协调性是神舟6号重点研究的问题。

五是返回舱舱门的密封和检漏技术以及返回舱舱门开、关的操作技术。

神舟6号返回舱的舱门有多道保险：①装有防误开锁。飞船在发射或返回时振动很大，为了避免误开关好的舱门，舱门上有一把特殊的锁——防误开锁，它既安全可靠，又容易操作。航天员按照设计好的动作操作，把拉手转到一个固定位置，形成解锁状态，门就能被打开。②采取多道密封措施。每个密封环节都采用了冗余技术，能保证关上舱门后密封性百分之百达到要求。③特殊的舱门清洁布。为将微小多余物擦拭掉，保证舱门的密封性，科研人员花费了数月时间研制了一种用特殊材料制成的舱门清洁布，它具有不掉小纤维多余物、不产生静电、不残留水迹、无挥发物，对人体无害、无毒等优点。④能快速检漏。为了验证舱门的密封性，设计师研制了快速检漏设备。常规的保压检漏方法需要很长时间，甚至一天才能得出检测结果；快速检漏设备在关闭舱门10 min左右就能完成舱门的密封检测，确认舱门是否关好。⑤进行环境模拟试验。包括在失重状态下航天员开关舱门模拟试验和舱门密封性能模拟试验。为了让航天员在失重的状态下用得上力，舱门附近设有助力点，方便航天员的操作。图6-38为航天员在地面进行开关返回舱舱门的训练。

12.2 飞行过程

2005年10月12日上午9时，神舟6号飞船和长征2号F运载火箭的组合体在酒泉载人航天发射场发射，并将神舟6号飞船送入预定轨道。

图6-38 航天员在地面进行开、关返回舱舱门的训练

在发射过程中，第一次安装在火箭的图像实时测量系统，将火箭的助推器分离、级间分离、整流罩分离、船箭分离等关键动作的视频影像实时地传回地面，使地面工作人员实时获得了这些关键动作是否成功的确切信息，这对一旦发生故障，能及时实施逃逸救生有重大的作用。图6-39为安装在火箭上的图像实时测量系统摄取的火箭助推器视频图像的截图。

神舟6号飞船入轨后，飞船处于 I 象限线朝地的三轴稳定飞行姿态，随后依次成功地展开推进舱太阳电池阵及轨道舱太阳电池阵，并使推进舱太阳电池阵对日定向。在第5圈实施变轨，将飞船轨道变为高度约343 km的近圆轨道。

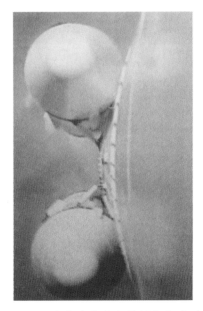

图6-39 安装在火箭上的图像实时测量系统摄取的火箭助推器视频图像的截图

10月13日，航天员先后进行在开或关返回舱舱门、穿脱舱内航天服、穿舱（即由返回舱到轨道舱或由轨道舱到返回舱）和抽取冷凝水四项工作下的"在轨干扰力"试验。结果表明，航天员较大幅度的动作对飞船的姿态影响微小，飞船姿态保持良好。

试验结果让航天员敢于在太空中做一些幅度较大的动作，如费俊龙完成穿舱试验后，轻松地在返回舱的两个舷窗间较快地飘来飘去，拿着照相机以不同角度拍摄美丽的地球，甚至在座椅上方做了几个前空翻。

神舟6号航天员在返回舱内的工作情况如图6-40所示。

将打开的返回舱舱门再次关闭后，利用飞船上的快速检漏设备，在关闭舱门10 min左右，就完成了舱门的密封检测，确认舱门关好，验证了舱门开关后舱门密封完全符合要求。

图6-40 神舟6号航天员在返回舱内工作

神舟6号飞行任务中首次全面启用了位于甘肃省酒泉附近的副着陆场，作为主着陆场备份，即一旦主着陆场气象条件不符合着陆要求，可选在副着陆场着陆。为此，神舟6号飞控人员对主、副着陆场着陆都做了技术准备。由于根据着陆前主着陆场的天气预报判断，主着陆场的气象条件符合着陆要求，因此决定神舟6号飞船返回舱于10月17日在主着陆场着陆。

神舟6号飞船飞控试验队中的返回舱着陆点的"风修正技术"的实施是由本书作者（李颐黎）主持的。在飞船返回前，李颐黎等到北京航天指挥控制中心气象组，了解了主着陆场的高空气象变化，特别是高空风风场数据（风速风向）随高度的变化（见图6-41和图6-42）。根据风场数据，回收着陆分系统和北京航天指挥控制中心计算出在返回轨道上GNC分系统停控点的位置修正量，北京航天指挥控制中心将该位置修正量注入飞船，从而使飞船着陆点的精度大大提高。

神舟6号飞船在完成预定的5天飞行任务后返回，返回舱进入大气层（见图6-43），飞向主着陆场，于2005年10月17日4时33分安全着陆，航天

图6-41 李颐黎(左,穿白大褂者)和飞船飞
控试验队成员在北京航天飞行控制
中心气象组了解神舟6号着陆时的
主着陆场气象变化趋势

图6-42 李颐黎(右)向北京航天飞行控制中
心气象组索取主着陆场高空风风场
实测数据

员费俊龙、聂海胜自主出舱（见图6-44）。返回舱实际着陆点距离瞄准的
理论着陆点仅偏差1.7 km。准确的着陆对保证航天员的安全及地面人员的
及时搜救起了重要的作用。准确着陆这一成绩是在全体参试人员（包括飞
船总体、GNC分系统、回收着陆分系统、北京航天指挥控制中心、测控通
信系统、着陆场系统等）的共同努力下取得的。

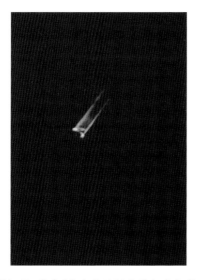

图6-43 神舟6号飞船返回舱进入大气层，
飞向主着陆场

图6-44 神舟6号返回舱准确着陆，航天员
费俊龙、聂海胜自主出舱

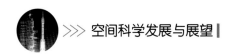
凯旋的航天员费俊龙、聂海胜回到北京航天城，受到航天城职工和家属的热烈欢迎（见图6-45和图6-46）。

图6-45 等候在北京航天城的欢迎人群（李颐黎摄）

图6-46 航天员费俊龙、聂海胜凯旋，受到群众的夹道热烈欢迎(李颐黎摄)

12.3 结语

神舟6号飞行任务首次进行了有人参与的空间实验，初步掌握了多人多天的在轨飞行技术，获取了大量数据，积累了宝贵经验。

神舟6号航天员费俊龙和聂海胜在轨飞行期间，进行了大量工效学评价试验和在轨试验，获取了大量空间科学实验数据，为后续载人航天飞行任务积累了重要经验，提供了改进依据。

13 中国载人航天工程的第一步中开展了哪些空间科学实验研究

20世纪80年代后期，在国家863计划的支持下，我国一批具有前瞻性的科学家走进了空间科学研究这个新领域，利用我国返回式卫星，开展了空间科学探索性研究，并系统研究了载人航天及其应用的发展战略和规划。

1992年中国载人航天工程立项，中国科学家们历经数年论证，从自身发展基础和国家科学发展的重大需求出发，第一次有计划、成规模地安排了第一步任务中的空间科学实验计划。这个计划涵盖了当时国际上学科前沿的若干重大项目，以期在未来10~20年间建立一套面向世界科学前沿、有一定规模的空间实验技术。

（1）在空间生命科学基础生物学方面，以探索微重力环境下的生命现象为目标，安排了从植物、动物到微生物、水生生物，从生物个体到细胞组织层次上的一大批空间生物学效应实验研究。

（2）在空间生物技术研究领域，以造福人类、抵御疾病、保障健康、提高生活质量等为目标，研究利用微重力资源来提高和优化生物工程技术，开展了蛋白质晶体生长、细胞培养、生物制品分离纯化，以及植物、动物和细胞融合等多个实验项目。一大批由中国人自己设计的生命科学与生物技术的科学实验取得圆满成功，一批高质量的饱含中国人智慧的成果展示在世人面前（图6-47为蛋白质结晶装置）。

图6-47　空间科学实验——蛋白质结晶装置

（3）在微重力流体物理学方面，以跟踪国际学科发展前沿，为载人航天工程流体管理和微重力环境下生物学、材料学实验研究提供理论依据为目标，开展了扩散与对流、传质传热、表面张力与湿润、凝聚与结晶、分岔与转捩等基础问题研究。神舟4号上的液滴迁移实验，不仅成功地获取大量科学实验数据、实时流场和完整清晰的干涉图像，为微重力流体物理科学研究提供了具有重要研究价值的第一手资料，更重要的是它成功地解决了国外科学家因多次失败而没有突破的液滴注入过程中液滴大小控制和液滴分离技术难题。图6-48所示为神舟号飞船上的微重力流体实验装置。

图6-48　神舟号飞船上的微重力流体实验装置

（4）空间材料科学实验研究。以探索材料制备工艺、材料微观结构、晶体生长物理过程和新型特殊应用材料开发为目标，进行了三元/二元半导体光电子材料、氧化物晶体材料和金属合金/复合材料等数十项研究；研制了具有自主知识产权、技术先进的实验装置，为后续实验研究奠定了坚实的基础。

参 考 文 献

[1] 钱振业,董世杰,李颐黎,等.中国载人航天技术发展途径研究与多用途飞船概念研究文集（1986年至1991年）[M].北京：中国宇航出版社,2013:4,5,168-171,177-184,202-204.

[2] LI Yili,Lin Huabao. Theoretical Investigation of Gliding Parachute Trajectory with Deadband and Non-proportional Automatic Homing Control[R]. San Diego. CA. USA,AIAA 11th Aerodynamic Decelerator Systems Technology Conference,IAA-91-0834,1991.

[3] 李颐黎.飞船定点着陆方案研究[C].载人航天器联合讨论会,1990.

[4] 李颐黎,戚发轫."神舟号"飞船总体与返回方案的优化与实施[J].航天返回与遥感,2011(6):1-13.

[5] 戚发轫,李颐黎.巡天神舟——揭秘载人航天器[M].北京:中国宇航出版社,2011:208-209.

[6] 邱乃庸,原民辉,庞之浩.梦圆天路——纵览中国载人航天工程[M].北京:中国宇航出版社,2011:179-197.

[7] 朱增泉.飞天梦圆——来自中国载人航天工程的内部报告[M].北京:华艺出版社,2003:132-135,72.

[8] 石磊,左赛春.神舟巡天:中国载人航天新故事[M].北京:中国宇航出版社,2009:133,135.

[9] 顾逸东.探秘太空——浅析空间资源开发与利用[M].北京:中国宇航出版社,2011:25-27.

[10] 胡文瑞等.微重力科学概论[M].北京:科学出版社,2010:6-10.

第七章

实现了中国航天员
首次舱外活动的神舟 7 号飞船

2008年9月25日21时10分，长征2号F运载火箭起飞，把载有航天员翟志刚、刘伯明、景海鹏三名航天员的中国神舟7号载人飞船送入轨道，飞船历时2天20小时27分钟，在太空预定轨道绕地球飞行45圈后，于28日17时37分成功降落在内蒙古中部的主着陆场。此次任务实现了准确入轨、正常运行、舱外活动圆满、航天员安全健康返回的目标。

1 神舟7号飞船的飞行任务和舱外活动的程序

神舟7号飞船有四项飞行任务。

一是实现我国航天员的首次舱外活动。我国自主研制的用于保障航天员完成舱外活动任务的飞船气闸舱和舱外航天服这两项关键技术将接受实施的考验。另外，执行舱外活动任务的航天员还要把舱外的固体润滑材料等试验样品带回舱内，以供科学家研究太空环境对这些样品的影响，从而寻找进一步提高材料性能和寿命的方法。图7-1为执行舱外活动任务的神舟7号飞船模型。

二是神舟7号飞船首次满载三名航天员，进行3人3天的空间飞行，满负荷、全方位地考核载人航天工程总体及各个系统。与神舟6号飞船相比，在增加1人的情况下，神舟7号飞船要提供相应的座椅、食品、饮用水、环

图7-1 执行舱外活动任务的神舟7号飞船模型

图7-2 神舟7号飞船的伴飞小卫星

境控制功能等多种资源支持。

三是在飞行期间释放1颗质量约为40 kg的伴飞小卫星（见图7-2）。这是我国第一次从一个航天器上释放另一个航天器，用以验证在轨释放技术，也考核在释放以后能否成为飞船的伴飞卫星，以便更好地观测飞船，同时检验地面测控网对两个航天器相对运动的测控能力。

四是进行卫星通信链路的新技术试验。神舟7号飞船上安装的中继卫星终端将首次与天链1号中继卫星进行中继链路试验，为今后进行载人航天交会对接等对测控覆盖要求更高的活动奠定基础。

这次任务按照阳照区进行舱外活动的原则确定"发射窗口"，航天员在飞船飞行第27圈时开始进行出舱活动准备；在第29~30圈的约47 min连续测控弧段内，进行舱外活动；舱外活动结束后，恢复轨道舱环境，释放伴飞小卫星；在舱外活动前后，进行天链卫星船载终端数据中继试验；飞船共飞行3天，第45圈执行返回程序。

神舟7号航天员的具体出舱过程分为四个阶段：在轨组装、检查与训练阶段；出舱准备与过闸阶段；舱外活动阶段；返回过闸阶段。其中，最危险和最难的是舱外活动阶段。

飞船发射时，舱外航天服已被打包固定在轨道舱内壁上（见图7-3），因此航天员在穿舱外航天服前首先要启封包装，然后把各部分组合成一件完整的舱外航天服，再把净化器、氧气瓶、电池、无线电遥测装置等可更换部件装到舱外航天服上。在飞行至第10~19圈时，进入轨道舱的翟志刚、刘伯明分别组装与检测各自要穿着的飞天号舱外航天服和海鹰号舱外航天服（这两种航天服的外形见图7-4），同时检查气闸舱内的仪器设备。接着，航天员对舱外航天服液路系统进行检查和确认，将两套航天服的电脐带与气闸舱内的相关设备进行连接，再加电测试。经地面对检查结果确认后，翟志刚、刘伯明穿好生理背心，戴好通信头盔，打开舱外照明灯，与位于返回舱的景海鹏共同进行有线通信、照明和摄像检查与数据传输检查，并向地面报告情况。经地面确认后，翟志刚和刘伯明检查并设置舱外

图7-3　神舟7号飞船轨道舱内壁上打包固定的两套舱外航天服

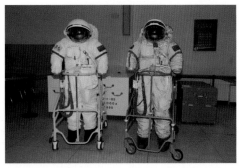

图7-4　飞天号舱外航天服(左)和海鹰号舱外航天服(右)

航天服和船载相关系统状态，然后两人分别"钻"进飞天号舱外航天服和海鹰号舱外航天服，关闭舱外航天服背包门，检查舱外航天服及船载相关系统控制机构及气密性，调节航天服尺寸。在"穿衣"的过程中，两名航天员互相配合，一人在操作时，另一人读操作手册并进行确认，以确保所有操作万无一失。

一切正常后，航天员开始进行移动训练和各种模拟操作，以逐步适应太空微重力工作环境，提高出舱活动适应能力，顺利完成舱外活动等试验任务。在约100 min的在轨训练中，航天员把整个在轨准备和舱外活动预演一遍，以进一步熟悉出舱程序，但运动量不宜过大。在此期间，景海鹏不间断地监测飞船运行状况并及时向地面报告，并对返回舱进行首次抽吸冷凝水处理工作。这些工作结束后，翟志刚、刘伯明休息几个小时。

在出舱准备与过闸阶段，航天员要做的第一件事就是把轨道舱里不耐受低压及辐射的物品转移到返回舱。这些物品包括食品、供水器、饮水嘴、尿液储箱管路、手持摄像机、医学检查用的血乳酸仪等。在这些搬运工作完成后，返回舱与轨道舱之间的舱门关闭。飞船飞行至第27~29圈时，翟志刚、刘伯明进行轨道舱氧浓度预控，依次穿舱外航天服并关闭生命保障系统背包，再检查航天服和船载相关系统的状态及气密性。

出舱前在轨道舱压力降至70 kPa的过程中，向舱外航天服内供应大流量氧气，并维持在80 kPa的压力，使航天员进行约30 min的"吸氧排氮"。轨道舱气压泄至3 kPa时，舱外航天服与飞船的气液组合连接器断开，航天服转入完全由舱外航天服自主生保系统自主供氧和冷却。此时，舱外航天服内的压力是40 kPa，这是人体能够承受而又保证灵活性与气密性的压力值，轨道舱气压则逐渐接近真空。最后，翟志刚、刘伯明进行出舱前例行检查，带上出舱活动的安全系绳及其挂钩，打开舱外照明灯和摄像机，做好出舱状态确认，经地面批准后打开气闸舱的外舱门。

图7-5　在地面训练中航天员翟志刚正在检查出舱挂钩

轨道舱气压降至约2 kPa时，就可以打开气闸舱的外舱门了。其过程是：首先解锁，然后拉着舱门的手柄转动60°，这时舱门和门框之间出现一条缝隙，舱内剩余气体将进一步外泄，等到舱内外压力基本平衡了，再把舱门完全打开。在打开舱门、出舱之前，航天员还要给舱门罩上一个保护罩，防止在出舱过程中发生剐蹭。上述的动作都是靠航天员单手完成的，因为另一只手始终需要固定身体。图7-5为在地面训练中航天员翟志刚正在检查出舱挂钩。

2　航天员的中性浮力水槽试验是怎么回事

中性浮力水槽是航天员在模拟失重环境下进行舱外活动训练的重要设施。航天员身着带有配重的水槽舱外服，可以模拟中性浮力（即浮力等于重力）下在水里"悬浮"的状态，航天员在水里的"悬浮"状态的感觉与在太空失重环境下的"飘浮"感觉类似，因此，航天员的中性浮力水槽试验，将为航天员的舱外活动提供强有力的训练保证。

中国航天员科研与训练中心自行研制的中国中性浮力水槽于2007年11月建成，2008年用于航天员训练（见图7-6和图7-7）。

航天员身穿水槽舱外服在水下训练的基本内容有气闸舱内设备操作程序；开、关出舱舱门；通过出舱舱门；按预定路线行走；操作载荷设备；搬运物品；特殊情况处理；快速返回和紧急返回；舱外救援等。图7-8为

图7-6 中国中性浮力水槽

图7-7 放在中国中性浮力水槽内供
训练用的神舟7号飞船气闸舱

图7-8 翟志刚正在穿水槽舱外服

图7-9 航天员在中国中性浮力水槽内
进行舱外活动任务训练

翟志刚正在穿水槽舱外服，图7-9为航天员在中国中性浮力水槽内进行舱外活动任务训练。

3 神舟7号飞船上为什么要设置气闸舱

载人飞船设置的气闸舱是保证航天员安全执行舱外活动的关键设施。

对于有两个可供航天员驻留的压力舱的飞船（如联盟号飞船和神舟号飞船），在航天员执行出舱任务时，都要设置一个气闸舱。这个气闸舱可以由轨道舱（联盟号飞船上称为生活舱）改装而成。气闸舱上有两个门：一个门通向舱外的宇宙空间，称为外舱门；另一个门通向返回舱，称为内舱门（即进出返回舱的舱门，安装在返回舱上），如图7-10和图7-11所示。

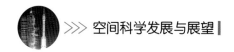

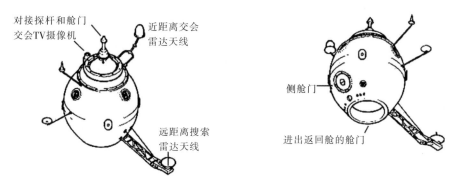

图7-10　联盟号飞船的生活舱(兼气闸舱)

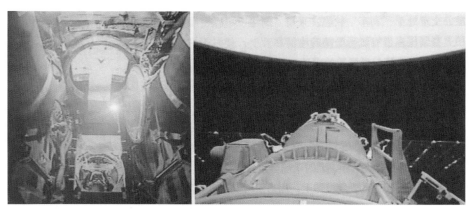

图7-11　神舟7号飞船的轨道舱兼气闸舱内部布局(左)及飞船轨道舱外舱门(右)

气闸舱具有以下五个作用:

(1)航天员在打开气闸舱的外舱门进行舱外活动时,返回舱舱门是关闭的,从而保证飞船的返回舱处在1个标准大气压下,不用整船泄压,减少飞船内气体的流失量,节省宝贵的气源。

(2)在航天员出舱前对气闸舱的压力进行调节,航天员在此"吸氧排氮",预防减压病。

(3)航天员出舱前将气闸舱内的气体放掉,使得气闸舱内的压力接近于零,方便航天员打开外舱门,进行舱外活动;当航天员完成舱外活动,回到气闸舱,关闭气闸舱外舱门后,向气闸舱内补充气体,恢复气闸舱内1个标准大气压的压力,保证航天员能回到返回舱。

（4）设置气闸舱后，航天员在出舱过程中，虽然气闸舱舱门是打开的，气闸舱内的仪器设备暴露在真空中，但返回舱舱门是关闭的，返回舱内仍是1个标准大气压，返回舱内的航天员不需要穿舱外航天服。

（5）存放、组装、检测与穿脱舱外航天服。一般飞船发射时在气闸舱内存放舱外航天服，入轨后航天员在气闸舱内组装及检测舱外航天服，然后穿好舱外航天服出舱。舱外活动结束后，在气闸舱内脱下舱外航天服，并将舱外航天服放在气闸舱内。

● ● 相 关 链 接 ● ●

航天员在出舱前为什么要在气闸舱内"吸氧排氮"？怎样"吸氧排氮"

"吸氧排氮"的目的是为了预防减压病。按照舱外航天服内的压力制度，可以分为低压航天服和高压航天服。美、俄两国已使用和正在使用的舱外航天服以及神舟7号飞船上我国研制的飞天号舱外航天服都采用低压力制度，压力控制在25~40 kPa，采用纯氧气体。采用低压航天服的优点是航天员的手臂和腿脚便于活动。但是，大部分的载人航天器（如联盟号飞船、神舟号飞船、国际空间站等）的载人舱内均为1个标准大气压（约101 kPa）的氧氮混合气体，因此航天员出舱活动前必须从舱内的气体环境过渡到舱外航天服的低压纯氧环境，这就带来了患减压病的危险。现阶段，美、俄和欧空局预防太空减压病的方法为"吸氧排氮"或阶段减压，或两者兼用。

"吸氧排氮"即在出舱活动之前预先呼吸纯氧，将人体内的氮气排出。例如，先将舱内压力降至70 kPa，然后用大流量的氧气充入舱外航天服内部，替代氧氮混合气体，使舱外航天服内成为80 kPa的纯氧环境。航天员在此状态下"吸氧排氮"30 min，再继续减压。呼吸纯氧时，由于肺泡中的氮气分压降低，溶解在静脉血中的氮气就可不断通过肺毛细血管弥散到肺泡中被呼出。这样，血液中的氮

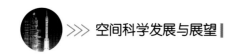

气分压就降低了，于是溶解在身体各组织、体液中的氮气又向血液中弥散，最终被呼出体外，完成了"吸氧排氮"。

4 航天员出舱实施舱外活动的主要程序

载人飞船具有气闸舱（由轨道舱兼作气闸舱）的情况下，如果有三名航天员在载人飞船上，则航天员典型的舱外活动主要程序如下（为叙述方便将三名航天员分别称为航天员1、航天员2和航天员3）。

1. 出舱准备阶段

出舱准备阶段的主要程序如下：

（1）航天员1和航天员2由返回舱进入轨道舱（航天员3仍停留在返回舱内，对飞船和出舱活动状态进行监测和报告地面），关闭返回舱舱门和两舱压力平衡阀。

（2）航天员1和航天员2组装舱外航天服。

（3）航天员1和航天员2脱下舱内航天服，换上舱外航天服。

（4）将舱外航天服充气，检查舱外航天服的密封性，确认舱外航天服状态。

（5）将轨道舱内压力降至70 kPa，同时向舱外航天服内供应大流量氧气，并维持80 kPa的压力，使航天员"吸氧排氮"约30 min。

（6）打开轨道舱泄压阀，将轨道舱压力按预定程序降至0.5 kPa以下；同时舱外航天服内的压力降至40 kPa。

（7）航天员1准备出舱，航天员2在轨道舱舱门口处等待接应。

2. 出舱活动阶段

出舱活动阶段的主要程序如下：

（1）地面通知航天员出舱活动正式开始，航天员1开启轨道舱外舱门（见图7-12），装外舱门保护罩（防止外舱门密封圈和密封面被碰坏或划伤）。

（2）接通舱外航天服的水升华器（航天员出舱活动期间，由于运动而

图7-12 神舟7号航天员翟志刚开启轨道
舱外舱门

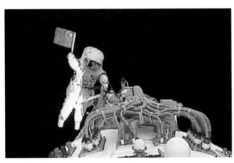

图7-13 神舟7号航天员进行舱外活动并
展示国旗

图7-14 神舟7号航天员进行舱外活动，
正在取回固体润滑材料装置

产生较多热量，水升华器可辅助散热）。

（3）航天员1出舱。

（4）航天员1借助舱外活动扶手、绳系固定装置等沿指定路线行走（见图7-13）。

（5）航天员1在舱外完成预定工作（如取下舱外搭载的实验物品或对飞船外部发生故障的部件进行修理等，见图7-14）。

（6）航天员1进入轨道舱，关闭水升华器，关闭轨道舱舱门并检漏。

（7）关闭泄压阀，出舱活动阶段结束。

3. 出舱活动后阶段

出舱活动后阶段的主要程序如下：

（1）开启轨道舱复压阀。

（2）轨道舱压力恢复到40 kPa（与舱外航天服内的压力相同）。

（3）连接航天员1和航天员2的舱外航天服与舱内的管路和电缆，舱外航天服转船载生保系统供气供液，关闭通信处理器，打开脐带处理器，舱外航天服增压至80 kPa。

（4）在航天服增压期间利用真空压力表对轨道舱压力进行监测。

（5）轨道舱压力从40 kPa恢复到80 kPa。

（6）在轨道舱舱压与舱外航天服内压力相同（都是80 kPa）的状态下，航天员1和航天员2脱掉舱外航天服，重新穿上舱内工作服，断掉为舱外航天服供气供液的船载生保系统。

（7）轨道舱压力恢复到正常压力（1个标准大气压），航天员2关闭轨道舱复压阀，航天员3打开返回舱舱门上的两舱压力平衡阀。

（8）轨道舱和返回舱压力平衡后，航天员3打开返回舱舱门，航天员1和航天员2回到返回舱，出舱活动后阶段结束。

5 神舟7号飞船的发射、运行和返回

神舟7号飞船和神舟1号至6号飞船一样，是按精心设计的程序发射、运行和返回的。

如图7-15所示，神舟7号飞船的飞行程序如下：

图7-15 神舟7号飞船的发射、运行和返回过程

（1）神舟7号飞船搭乘火箭起飞。

（2）抛逃逸塔，助推器分离，一级火箭分离，整流罩分离。

（3）二级火箭关机，飞船与火箭分离。

（4）飞船入轨。

（5）飞船展开太阳电池阵。

（6）飞船在轨飞行。

（7）飞船准备返回，第一次返回姿态调整，相对前进方向向左偏航90°，轨道舱与返回–推进舱（返回舱与推进舱的组合）分离（见图7–16）。

（8）返回–推进舱进行第二次返回姿态调整，达到制动姿态（偏航角180°，俯仰角–14.5°）后，制动发动机点火工作。

（9）制动发动机关机，返回–推进舱进入返回轨道的过渡段，当飞行高度约为145 km时，返回舱与推进舱分离（见图7–17）。返回舱进行姿态调整，以设定的再入姿态进入大气层。

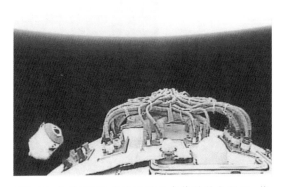

图7–16 神舟7号飞船返回过程中轨道舱与返回–推进舱分离(此图像由推进舱外摄像机拍摄)

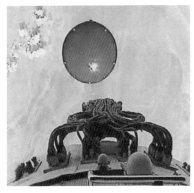

图7–17 神舟7号飞船返回过程中返回舱与推进舱分离（此图像由推进舱外摄像机拍摄）

（10）返回舱再入大气层，当飞行高度约为100 km时，返回舱升力控制开始，当飞行高度约为20 km时，返回舱升力控制结束。

（11）回收着陆系统开始工作，当飞行高度约为10 km时，抛掉伞舱盖。

（12）返回舱乘主伞下降（见图7–18）。

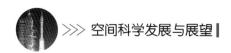

（13）当飞行高度约为1.2 m时，着陆反推发动机工作，返回舱安全着陆（见图7-19）。

图7-18　神舟7号返回舱乘主伞下降

图7-19　着陆反推发动机工作，神舟7号返回舱安全着陆

6　神舟7号飞船的发射时间是如何确定的

2008年9月24日14时30分，中央电视台播放了神舟7号飞船飞行任务总指挥部的第一次新闻发布会。在发布会上，发言人宣布：神舟7号飞船将于北京时间2008年9月25日21时07分至22时27分在酒泉卫星发射中心发射。

这个"21时07分至22时27分"就是神舟7号飞船的"发射窗口"。"发射窗口"的准确定义是：允许运载火箭点火、起飞的时间范围。

"发射窗口"的确定是由许多因素构成的，其中最主要的是满足飞船太阳电池阵光照条件的要求，以及保证航天员必须在地面测控覆盖区和阳照区出舱。

所谓满足太阳电池阵光照条件，指的是神舟号采用三轴对地定向稳定的飞行时，太阳电池阵只提供单轴转动即可满足发电要求的条件。神舟号飞船在轨道运行段，采用的是三轴对地定向稳定的飞行姿态，即过轨道舱出舱舱门中心点那条象限线（第一象限线）朝地、飞船轨道舱朝前进方

图7-20　神舟7号飞船在轨飞行示意图

向、飞船纵轴在当地水平面的姿态（见图7-20）。这个姿态对于飞船上的航天员观察地面的目标和飞船仪器对地遥感都非常有利。在这种姿态下飞行，飞船太阳电池阵需要相对于飞船不断地转动，使太阳电池阵的活面（即阳光照在其上能够发电的那面）始终对准太阳，同时要求选取适当的发射时间间隔，使得从飞船观看的太阳方向，与轨道面的夹角很小（一般不超过±20°），以满足太阳电池阵正常发电的要求。

安排航天员从远望3号、纳米比亚、马林迪、卡拉奇、国内测控站到远望5号测量船的测控弧段出舱，这个出舱弧段在飞船的升段（即从星下点轨迹看是由西南向东北飞的弧段）（见图7-21）。此外，要求航天员出舱的弧段在阳照区，这样，太阳照在地球上的反射光可以照在飞船的轨道舱舱门附近，便于拍摄出质量良好的图像并保障航天员的安全。而要求飞船的升段为阳照区，就只有在晚上的发射窗口发射。反之，在航天员出舱活动时，飞船会在地球的阴影区，不利于出舱活动的拍摄和保障航天员的安全（见图7-22）。

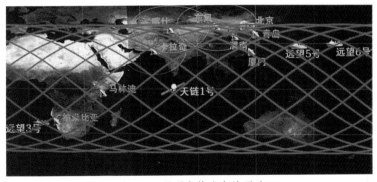

图7-21　星下点轨迹和地面站

综上所述，神舟7号选定了晚上的"发射窗口"，发射时间为2008年9月25日21时10分。

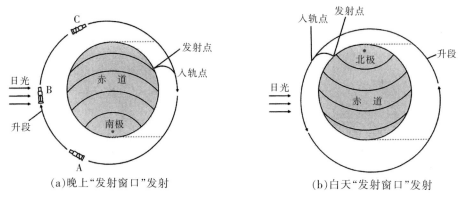

（a）晚上"发射窗口"发射   （b）白天"发射窗口"发射

图7-22　神舟号飞船"发射窗口"与升段是否在阳照区的关系

7 火箭发射段一旦出现致命性故障如何救生

在火箭发射段，最大的危险是来自火箭的故障，比如，发动机推力不足、姿态不稳或偏离预定轨道等。这时，救生的办法分有塔逃逸救生、无塔高空救生和大气层外救生三种模式。

如果从火箭起飞一直到飞行至120 s时发生故障，救生办法是用有塔逃逸飞行器方式救生（见图7-23）：逃逸塔上的逃逸发动机点火，拉着逃逸飞行器迅速离开有故障的火箭。有塔逃逸飞行器救生方式是火箭起飞前5 min到起飞后120 s期间一旦火箭出现致命性故障时使用的，也就是当飞行高度在0~40 km时，帮助航天员脱离危险区安全着陆。

火箭飞行120 s后，逃逸塔按照预定程序被抛掉，从120~200 s的时间段，火箭飞行的高度约在40~115 km，此时，如果火箭发生险情，将采用无塔逃逸飞行救生方式。依靠安置在整流罩上的高空逃逸发动机使无塔逃逸飞行器与故障火箭分离，然后使用高空分离发动机，使返回舱与无塔逃逸飞行器分离，最后返回舱进入返回程序自行返回救生。

大气层外的救生是难度最大的。火箭飞行200 s后进入115 km以上的外

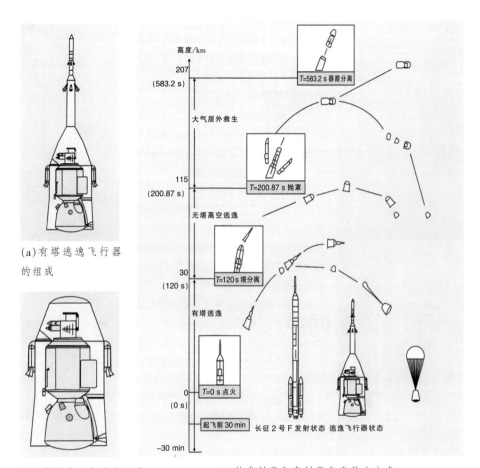

(a)有塔逃逸飞行器
的组成

(b)无塔逃逸飞行器的组成　　(c)待发射段和发射段各类救生方式

图7-23　逃逸飞行器的组成与待发射段和发射段各类救生方式

大气层，再飞行约380 s便进入近地点高度约207 km的飞船入轨轨道。这一段的救生时间跨度大、飞行距离远、速度快，船箭分离后返回舱落点散布范围很大。对此，设计师提出了一个大胆的设想：利用飞船的制导导航与控制系统和自身动力，尽量使飞船入轨，然后从轨道上返回，在国内预定的着陆区着陆，万一飞船入不了轨，也可利用船上制导导航与控制系统和推进系统让飞船落入预先选定的海上搜救区。这就等于把茫茫大海上的搜救变成了仅在海上几个回收区的搜救。

神舟号无人飞船的试验，证明这一国内外首创的新技术完全可行。这

样，我国陆上回收场只设主着陆场、副着陆场和少量应急着陆场；海上应急救生区也大大缩小，总共只设3个区。只需要配置少量打捞船和直升机，就可以保证航天员落到哪里，搜救人员就能及时赶到哪里。

8 飞船太阳电池阵展开为何成为关注的焦点

神舟7号飞船入轨后十几分钟，当北京航天飞行控制中心报告："太阳电池阵展开正常"时，全场响起热烈的掌声；当飞船飞到智利的圣地亚哥测控站的测控区，飞控中心确认"太阳电池阵跟踪太阳正常"时，全场再次爆发出热烈的掌声。

飞船的太阳电池阵有这么重要吗？

与神舟5号飞船和神舟6号飞船不同，神舟7号飞船仅有推进舱上的一对太阳电池阵，而轨道舱上的一对太阳电池阵则由于航天员要出舱活动而被取消了。在飞船发射段，太阳电池阵呈折叠状态，被锁在推进舱的两侧。

太阳电池阵只有在轨道上正常展开才能发电。如果两个太阳电池阵都不能展开，那么飞船就无法持续不断地获得电能，那样的话，飞船只能在飞行至第2圈时实施应急返回。

由于神舟7号飞船是在晚上发射的，太阳电池阵展开时飞船正处在地球的阴影区，还无法判断太阳电池阵能否正常跟踪太阳并正常发电，等到飞船飞行第1圈末飞到智利的圣地亚哥测控站的测控区时，飞船已飞出了地球的阴影区，这时圣地亚哥测控站就可以判定太阳电池阵能否正常跟踪太阳、能否正常发电。

图7-24 神舟7号推进舱上有一对太阳电池阵

9 神舟7号飞船变轨是怎么回事

2008年9月26日4时05分，神舟7号按预定计划变轨成功。

神舟7号飞船变轨是怎么回事呢？原来，运载火箭并没有把质量约7 t的神舟7号飞船一步送到343 km高的圆轨道，而是先把飞船送入一条近地点高度约为200 km、远地点高度约为343 km的椭圆轨道，等运行到第5圈的远地点时，再利用飞船上的动力，给飞船增加一个适当的速度增量ΔV，就可以将飞船送入343 km高度的圆轨道，这就是变轨。

变轨后的飞船在343 km高度的圆轨道上飞行，在这个圆轨道上飞行的好处是，航天员可以按预定计划，在测控和通信覆盖率最高的一个轨道弧度上出舱，以保障出舱活动的可靠性和航天员的安全。此外，一旦出现应急状态，在第1、3、5天可以回到主着陆场和副着陆场，在第2、4天可回到主着陆场，从而大大提高了航天员的安全性。在圆轨道上运行还可以大大减小自主应急返回参数的注入次数。变轨成功，也说明了变轨发动机和姿态控制系统的可靠性，在一定程度上为飞船完成任务后返回中的制动做了一次演练。

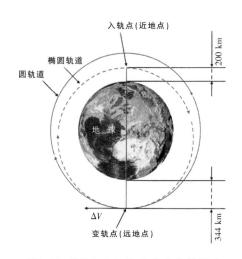

图7-25 神舟7号飞船变轨前的椭圆轨道和变轨后的圆轨道

10 翟志刚为何仅飞了43小时就出舱

在神舟7号飞船方案设计阶段，设计师设计了两个方案：第一个方案是乘坐两名航天员，在轨道上飞行5天，航天员在第4天出舱，这样可以满足入轨72小时后出舱的要求。但是，当一名航天员出舱时，另一名航天员如果在轨道舱协助航天员出舱，就不能在返回舱从仪表上监测其工作状态。第二个方案是乘坐三名航天员，航天员1和航天员2进入轨道舱穿舱外航天服，航天员1出舱，航天员2支持出舱航天员1，航天员3在返回舱内值守，从仪表上监测返回舱的工作状态，这一方案显然对航天员出舱活动的安全更有保障。但受飞船携带的氧气、食物和水的质量限制，飞船只能在正常状态下飞行3天（应急状态下可飞行5天），所以，航天员只能在飞行的第2天进行出舱活动，在因故障导致第2天不能实施出舱时，可以在第3天进行出舱活动。

第2天出舱最大的问题是，航天员患空间运动病的可能性比较大。空间运动病是在太空失重条件下飞行易患的一种病，患病后，航天员头昏、呕吐，有点类似在地面的"晕车"和"晕船"症状。空间运动病大多在航天员空间飞行的第3天发作，因此，按国际惯例，航天员一般在入轨72小时后才出舱活动。

为了最大限度地降低航天员第2天出舱患空间运动病的风险，中国航天员科研与训练中心挑选了前庭功能良好的航天员，同时又进行了有针对性的训练。事实表明，神舟7号三名航天员在出舱活动期间，健康状况良好，自我感觉良好，圆满地完成了中国首次航天员出舱活动的任务。图7-26为航天员翟志刚从神舟7号飞船出舱。

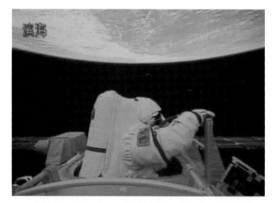

图7-26 航天员翟志刚从神舟7号飞船出舱

11 航天员在舱外活动为什么采用"慢动作"

翟志刚出舱的第一个动作，就是把系在腰间的安全索挂钩钩在飞船的扶手上，他的身上系着两根安全索，至少有一根必须挂在飞船的扶手上，以防人体飘走。出舱挥舞国旗后，他把国旗交给舱内的刘伯明，然后他返身从舱门口附近的实验样品板固定装置上取下了固体润滑材料和太阳电池基底薄膜材料太空暴露实验系统的实验样品板（简称固体润滑材料实验样品板），先用一个带系绳的钩子钩在了固体润滑材料实验样品板上方的"把手"上，以免在取下过程中不小心将该样品板脱手，一旦脱手，那个样品板将留在太空中而无法取回。然后他将该样品板解锁，并取下该样品板，返身到轨道舱舱口，将该装置递给站在舱门口的刘伯明带回舱内。

在航天器舱外常常要安装一些可活动部件，如可调整高低角和方位角的天线，这些可活动部件需要固体润滑材料才能转动自如。但是如果这些固体润滑材料在空间环境下失效，就起不到润滑的作用。神舟7号轨道舱外安装了固体润滑材料实验样品板（其中包括15种材料），如图7-27所示。利用该实验样品板研究空间环境中的原子氧、紫外线等对固体润滑材料的影响。

翟志刚取固体润滑材料实验样品板的动作的确是个"慢动作"（见图7-28）。采取"慢动作"有利于航天员身体姿态的控制和操作的可靠性。

图7-27　神舟7号轨道舱外安装的固体润
滑材料实验样品板

图7-28　翟志刚正在取回固体润滑
材料实验样品板

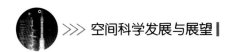

美国航空航天局为出舱活动航天员制定的6条规定中就有"在太空失重环境中移动身体，慢比快好；按部就班比手忙脚乱好；慢而稳妥的移动有利于稳定身体"。

舱外活动结束前，翟志刚以脚先进舱的方式进舱，然后关上舱门，出舱活动任务段成功结束。

在翟志刚进舱后不久，飞控大厅中传来航天员的报告声："神舟7号报告，舱内检漏结束，结果0.70，气密性良好"，随后飞控大厅上飞船系统报告："泄压阀关""复压阀打开"，表明航天员操作的气闸舱的复压工作正按预定计划进行。气闸舱的复压要与舱外航天服的增压同步进行。先将气闸舱舱压复压到40 kPa，再把舱外航天服增压至80 kPa，然后轨道舱舱压再增压至80 kPa。在轨道舱复压与舱外航天服增压过程中，要始终控制舱外航天服内的压力不小于轨道舱内的压力，以避免舱外航天服的损坏。

当轨道舱和舱外航天服的压力都恢复到80 kPa时，航天员翟志刚和刘伯明脱掉了舱外航天服。

2008年9月27日16点41分，航天员翟志刚在浩渺太空从事舱外活动，17时许，成功返回飞船，轨道舱舱门关闭。在历时19 min 35 s的舱外活动中，地面的人来看，翟志刚走过了9 165 km，成为中国飞得最高、走得最快的人。

12 轨道舱"火灾报警"是怎么回事

在翟志刚从事舱外活动期间，航天员刘伯明在轨道舱内身着舱外航天服负责协助翟志刚进行舱外活动，并负责监测轨道舱的实际状况。航天员景海鹏在返回舱内值守，负责监测仪表显示的飞船的工作状态，一旦出现问题，负责向地面报告并与翟志刚、刘伯明取得联系。景海鹏在返回舱内值守的状况，如图7-29所示。

图7-29 景海鹏在神舟7号飞船返回舱内值守

"火灾报警"是一个插曲。翟志刚出舱后不久，在返回舱内值守的航天员景海鹏向地面报告说："仪表显示轨道舱（气闸舱）火灾，请检查。"地面飞行控制人员下达口令："请02（指刘伯明）检查着火点。"片刻后，置身轨道舱的航天员刘伯明报告说："没有着火点。"于是，地面飞控人员判定：仪表显示的"轨道舱火灾"是一次误报警，出舱活动继续按预定计划进行。

仪器为什么会误报警呢？有专家解释说，这是轨道舱舱内一个探测器在轨道舱舱门打开后的低压和真空环境下电性能出现了异常，导致了一场虚惊。当时，轨道舱内的航天员刘伯明相当清醒，他听到"检查着火点"的口令后，第一个反应就是：这里是真空环境，怎么会着火？

13 为什么不把舱外航天服带回地面

当神舟7号飞船的航天员翟志刚和刘伯明执行完空间舱外活动任务后，便按照出舱后的飞行程序，在轨道舱将舱外航天服脱下来，并放在轨道舱内。随着返回前轨道舱和返回舱的分离，两套舱外航天服也随着轨道舱消失在茫茫太空中。

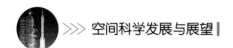

飞天号舱外航天服价值3000万元人民币，海鹰号舱外航天服也价格不菲，为什么不将它们带回地面呢？

这是因为舱外航天服太重了。若要带回，第一，返回舱的质量不允许。神舟7号返回舱乘坐3名乘员，返回舱的质量已达到极限，设计人员千方百计将返回舱"减肥"后，才将返回舱的质量限制在规定值的上限，如果返回舱的质量超标，将使主降落伞开伞后的下降速度增大，会影响航天员着陆的安全。第二，返回舱的质心不允许。神舟7号返回舱的质心是经过精心配置的，能在返回过程中保证航天员的最大过载及着陆精度满足设计要求，因此，如果把舱外航天服放在返回舱，将使得返回舱的质心向不利的方向变化，也会影响航天员的安全。为了保证航天员的安全，设计人员只好忍痛割爱，向立下汗马功劳的舱外航天服说声"再见"了。

欣慰的是，神舟7号飞船将我国自行研制的飞天号舱外航天服的手套随返回舱带回地面，这双手套保存在中国航天员中心，留作永久的纪念（见图7–30）。

图7–30　在神舟7号返回舱开舱仪式上交接飞天号舱外航天服手套

神舟7号返回舱开舱仪式

在神舟7号返回舱开舱仪式上，除了交接飞天号舱外航天手套外，还交接了神舟7号返回舱带回的固体润滑材料装置（见图7–31）。

图7–31 在神舟7号返回舱开舱仪式上交接固体润滑材料装置

此外，翟志刚在舱外活动期间挥舞的那面国旗也随神舟7号返回舱带回地面，并在神舟7号返回舱开舱仪式上交给了中国空间技术研究院。现在，这面国旗已保存在中国空间技术研究院，作为永久的纪念。

14 神舟7号飞船返回航程为什么那么长

神舟7号飞船的返回段从制动发动机点火算起到返回舱着陆为止，总航程约13 000 km，这是由返回轨道设计的要求所决定的。

神舟号载人飞船再入时，返回轨道设计的最大过载在采用升力控制式再入时不超过4g，在采用弹道式再入时，再入最大过载不超过9g。

为此，在飞船返回舱再入大气层时，必须将轨道设计成平缓型，即返回舱速度的方向与当地水平面的夹角（称作再入角）只有1.5°~1.7°（见图

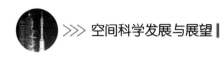

7-32），如果大于这个值，再入大气层的最大过载就要超标了。而要保证再入角在1.5°~1.7°，返回段的航程就需要约13 000 km，差不多是绕地球1/3圈的路程！

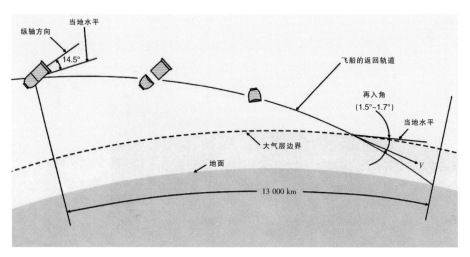

图7-32　返回轨道与再入角

15 神舟7号飞船返回舱着陆点是否准确

神舟7号飞船的返回舱在预定的主着陆场着陆，返回舱降落在一块平地上，着陆点十分准确。这是由于制导导航与控制分系统的精确控制和对10 km高度的瞄准点进行风场修正的结果，如图7-33所示。

图7-33　神舟7号飞船返回舱乘主降落伞安全着陆，着陆反推发动机点火正常工作

由于神舟7号返回舱着陆点十分准确，为搜救工作提供了便利的条件。搜寻返回舱的直升机在返回舱乘降落伞下降过程中就发现了徐徐下降的返回舱。2008年9月28日17时38分，返回舱着陆。17时39

分，担任搜救任务的直升机降落在返回舱附近（见图7-34）。直升机上的医务人员立即到返回舱旁边看望三名航天员，并给予医学指导。18时26分，航天员重力再适应结束，航天员翟志刚、刘伯明、景海鹏依次自主走出返回舱（见图7-35和图7-36）。

图7-34 直升机降落在神舟7号返回舱附近

出舱后，三名航天员手捧鲜花满面春风地向欢迎人群敬礼！（见图7-37）

总装备部常万全部长在北京航天飞行控制中心指挥大厅宣布："根据主着陆场报告，神舟7号飞船已安全返回地面，航天员健康状况良好。现在我宣布，神舟7号载人航天飞行任务圆满成功！"随后，国务院总理温家宝登台宣读了中共中央、国务院、中央军委的贺电。航天人和全国人民一道，沉浸在胜利的欢乐中。

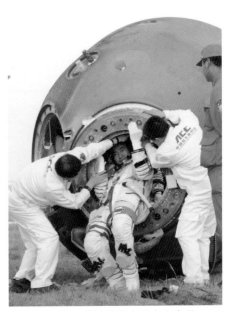

图7-35 航天员翟志刚自主出舱

图7-36 航天员景海鹏自主出舱

图7-37 神舟7号航天员安全出舱，并向欢迎人群致敬

· ● 相关链接 ● ·

我与神舟7号

我（本书作者李颐黎）于2008年3月12日被中国空间技术研究院聘请为神舟7号飞船专家组成员，参与了神舟7号飞船的飞控试验队的工作，亲历了神舟7号的飞控工作，为神舟7号飞行任务的圆满成功，做出了自己的贡献，这使我深感自豪！

领导给我的任务之一是校核神舟7号的飞控文件。神舟7号由于有航天员舱外活动，而且又是3人3天的正常飞行，所以比过去的正常和应急飞行程序更为复杂，故障模式和对策也更为复杂。我以严、慎、细、实的作风，进行了认真的校对（见图7-38），对发现的问题及时做出处理，从而为飞控工作的圆满成功贡献了一份力量。

图7-38 李颐黎正在北京航天飞行控制中心校核神舟7号飞船的故障模式与对策文件

领导给我的任务之二是主持神舟7号飞船的10 km高度的星下点的风修正的工作。在各方面的大力支持下，这一工作圆满完成，使神舟7号返回舱着陆点控制得很准。在工作中，我向年轻人介绍了自己在这方面工作的经验，使这一工作后继有人。

在执行神舟7号飞控任务准备期间，各级领导对飞控工作十分关心，经常亲临北京航天飞行控制中心看望飞船飞控试验队成员（见图7-39）。

当2008年9月28日神舟7号飞船安全着陆，航天员健康自主出舱

图7-39　中国空间技术研究院院长杨保华与飞控试验队成员李颐黎握手

时，我们飞船飞控试验队的同志和全国人民一样感到无比兴奋和自豪。我们一起登上北京航天飞行控制中心测控大厅的主席台，在"热烈庆祝神舟7号飞行试验取得圆满成功"的巨型电子画幅前拍照留念（见图7-40）。

图7-40　神舟7号飞船飞控试验队的同志在神舟7号飞船安全着陆的当
　　　　　天,在北京航天飞行控制中心合影留念

　　由于我在返回舱着陆后还要从北京航天飞行控制中心获取飞船着陆时的主着陆场高空风场的数据以及返回舱的实测着陆点的经纬度等，所以在飞船着陆后我仍住在北京中心的航天协作楼。这使我有幸看到神舟7号航天员凯旋时，受到了热烈的夹道欢迎的场面。作为一名欢迎群众，我用手中的相机记录了欢迎翟志刚和刘伯明回到北京航天城的热烈场面（见图7-41和图7-42）。

图7-41　翟志刚回到北京航天城（李
　　　　颐黎摄）

图7-42　刘伯明回到北京航天城（李
　　　　颐黎摄）

　　又过了一天，神舟7号返回舱从内蒙古运回北京，我们得知神舟7号返回舱"回家"，早早地等在友谊路上的中国空间技术研究院的西门口。在一阵阵热烈的鞭炮声中，运载着返回舱的汽车，缓缓地驶入友谊

图7-43　神舟7号飞船返回舱"回家"
　　　　（李颐黎摄）

路，我手疾眼快地拍摄了这些令人难忘的画面（见图7-43）。

　　神舟7号飞船圆满着陆和回收后，受到媒体、全国航天人和全国人民的关注。为此，2008年10月受央视网的邀请，我与其他两名航天专家作为嘉宾做客央视网，畅谈我国载人航天的意义及作用和神

舟号载人飞船的技术特点
(见图7-44)。

神舟7号飞船飞行任务
的圆满完成,标志着我国已
掌握了航天员舱外活动技
术;标志着我国已顺利地完
成了载人航天工程的第二步
目标的第一项任务。

图7-44 李颐黎(右二)做客央视网

16 神舟7号的伴飞小卫星是怎么回事

在神舟7号飞行期间释放了一颗质量约为40 kg的伴飞小卫星,其释放
后的外形及功能如图7-45所示。这是我国第一次从一个航天器上释放另一
个航天器,用以验证在轨释放技术,也考核在释放以后能否成为飞船的伴
飞卫星,以便更好地观测飞船,同时检验地面测控网对两个航天器相对运
动的控制能力。伴飞小卫星安装在神舟7号飞船的轨道舱的前端,如图7-
46所示。

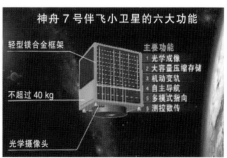

图7-45 神舟7号伴飞小卫星的外形、功能、释放后的飞行轨迹及拍照区域示意图

这颗伴飞小卫星的安装角度和分离机构是精心设计的,要保证释放后
的小卫星在神舟7号飞船运行和返回期间绝对不能与飞船碰撞。小卫星的

释放由地面发送指令为主，航天员在轨道舱内通过舱内释放开关补发指令为辅。小卫星被释放后，在与飞船分离的过程中可拍摄神舟7号飞船的照片；在神舟7号飞船返回地面后，在地面的控制下通过变轨，接近轨道舱，做一定程度的伴飞。小卫星成为太空摄影师，为轨道舱拍照。这些第一手资料对于飞船研制具有一定的价值。

图7-46 神舟7号飞船上的伴飞小卫星（即轨道舱顶部上红下白的正方体）

2008年9月27日19时24分，在航天员完成舱外活动后伴飞小卫星被释放。小卫星在离开神舟7号飞船的过程中拍摄到神舟7号飞船的近景照片（见图7-47）和远景照片（见图7-48）并实时传送到地面。

在神舟7号飞船返回地面后，相关系统通过精心选择变轨时刻、推力方向及发动机工作时间，经5次变轨，将伴飞小卫星的轨道改变为对神舟7号轨道舱的绕飞轨道。图7-49是神舟7号任务中伴飞小卫星在轨释放后先落后于飞船轨道舱，后通过变轨追上轨道舱并形成对轨道舱绕飞过程的相

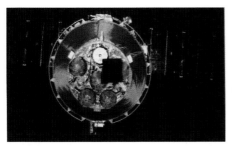 

图7-47　神舟7号伴飞小卫星被释放后拍摄
　　　　的神舟7号飞船近景照片(图中轨道
　　　　舱前端的正方形黑影为伴飞小卫星
　　　　的影子)

图7-48　神舟7号伴飞小卫星被释放后拍摄
　　　　的神舟7号飞船的远景照片

对位置示意图。在该图中红线、蓝线、绿线、黑线表示伴飞小卫星追逐过程中各次变轨的相对运动轨迹，围绕中心点的浅蓝色椭圆是绕飞相对运动的轨迹。

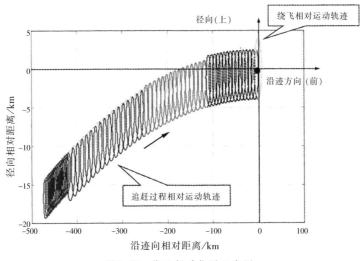

图7-49　绕飞相对位置示意图

17 神舟7号飞船怎样进行测控与通信链路的新技术试验

神舟7号飞船上安装有中继卫星终端。神舟7号飞船与我国于2008年春发射的天链1号01星首次进行了中继卫星链路新技术试验。神舟7号飞船与中国中继卫星的测控与通信链路如图7-50所示。

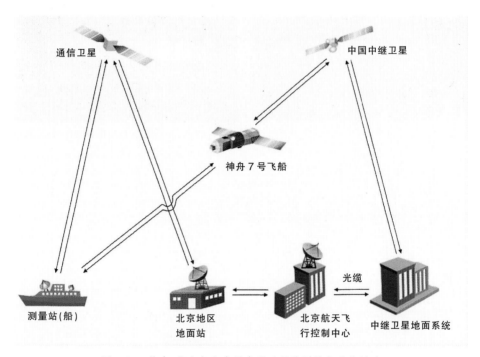

通信卫星

中国中继卫星

神舟 7 号飞船

光缆

测量站(船)

北京地区
地面站

北京航天飞
行控制中心

中继卫星地面系统

图7-50　神舟7号飞船与中国中继卫星的测控与通信链路

中国中继卫星的轨道由地面系统控制和测量，在中继卫星轨道被确定后，它就可以将星载雷达的天线对准神舟7号飞船，飞船向中继卫星发送遥测数据，中继卫星收到遥测数据后将它转发给中继卫星地面系统，地面系统通过光缆将飞船的遥测数据送往北京航天飞行控制中心。

还可以通过中继卫星向飞船发送遥控指令：即北京航天飞行控制中心将遥控指令通过光缆传递给中继卫星地面系统，中继卫星地面系统将此遥控指令转发给中继卫星，中继卫星再将此遥控指令发送至飞船。

18 中国首次开展固体润滑材料等的外太空暴露实验

神舟7号飞船的一项研究任务是固体润滑材料和太阳电池基底薄膜材

料太空暴露实验（见图7-51）。这项实验是为了研究低地球轨道环境下原子氧和紫外辐射对固体润滑材料和太阳电池基层薄膜材料表面结构、性能的影响和失效、损伤的机理，是具有明确应用背景的基础性研究。该实验系统由实验样品板及其固定装置组成，在轨道舱舱外，暴露在真空环境之中。飞船飞行到第29圈至第30圈，由航天员翟志刚出舱活动时，将实验样品板回收，然后随航天员返回地面，在地面进行实验室分析研究。

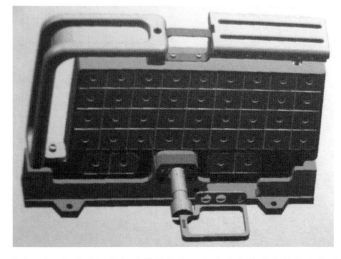

图7-51　神舟7号飞船上的固体润滑材料和太阳电池基底薄膜材料太空暴露实验系统

　　神舟7号飞船圆满地完成了预定的实验任务，取得了重要的科学成果和技术积累，对后续阶段和空间应用任务是一个良好的开端。

参 考 文 献

[1]　邱乃庸.梦圆天路——纵览中国载人航天工程[M].北京:中国宇航出版社,
　　　 2011:197-212.

[2]　顾逸东.探秘太空——浅析空间资源开发与利用[M].北京:中国宇航出版
　　　 社,2011:285,287-288.

[3] 戚发轫,李颐黎.巡天神舟——揭秘载人航天器[M].北京:中国宇航出版社,
2011:40-46,174-178.

[4] 石磊,左赛春.神舟巡天:中国载人航天新故事[M].北京:中国宇航出版社,
2009:42-46,85-89,116-127.

[5] 钱卫平,吴斌.碧空天链——探究测控通信与搜索救援[M].北京:中国宇航
出版社,2011:50-52.

第八章
实现了中国空间交会对接的航天器

2008年至2013年是中国载人航天工程的空间交会对接阶段。这一阶段的任务是通过分别发射神舟8号、9号、10号飞船与天宫1号目标飞行器实施交会对接试验，达到了以下三项任务目标：

（1）研制发射天宫1号目标飞行器，与神舟号飞船共同完成航天器空间交会对接飞行试验。

（2）运行短期有人照料的载人空间实验平台，进行航天员短期空间驻留试验，以及部分载人空间站关键技术验证。

（3）进行对地遥感、空间环境和空间物理探测、空间科学实验、航天医学实验及空间技术试验。

1 什么是航天器的空间交会对接

空间交会对接是轨道交会和空间对接的总称，简称交会对接。轨道交会是指航天器通过轨道机动（轨道机动是指从一条轨道转移到另一条轨道），使两个航天器能够同时到达空间同一个位置，并保持接近相对静止的状态，简称交会。

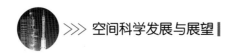

空间对接是指两个航天器在空间连成一体的过程，一般指从两个对接机构接触至两个航天器实现刚性连接的过程，简称对接。

在两个航天器实施空间交会对接任务中，起主动作用的航天器称为追踪飞行器，起被动配合作用的航天器称为目标飞行器。

2 空间交会对接技术有哪些用途

2.1 用作空间实验室和空间站的天地往返运输器

空间实验室（即长期自主飞行、短期有人照料的空间站）和空间站建成后需要由地面定期（或不定期）的向其送去货物（食物、水、氧气、氮气、更新的设备和实验材料）及航天员；还需要将航天员和需回收的实验产品等送回地面。承担这一任务的飞行器称作天地往返运输器，如联盟号载人飞船、进步号货运飞船、阿波罗号飞船及其运载火箭、美国的航天飞机等。它们执行任务时必须使用空间交会对接技术（见图8-1和图8-2）。

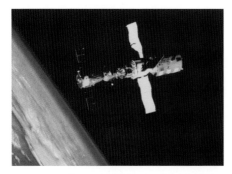 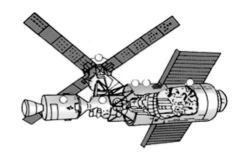

图8-1 礼炮7号空间站(右)与联盟T5号飞船(左)通过交会对接组成轨道复合体

图8-2 天空实验室号空间站(右)与阿波罗号飞船(左)通过交会对接组成轨道复合体

2.2 用作大型空间站的建造

苏联的和平号空间站的建造、多国合作的国际空间站的建造都是将一个个模块送上近地轨道，在轨道上通过交会对接技术"搭建"的（见图8-3）。

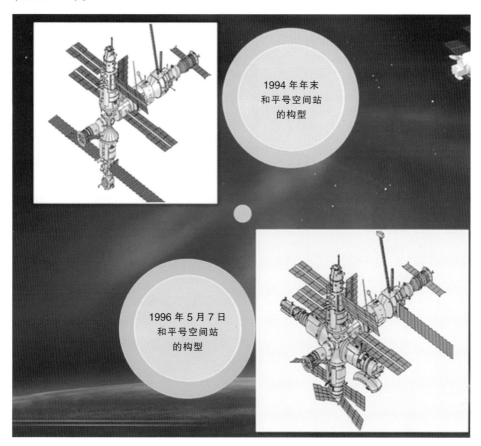

1994 年年末
和平号空间站
的构型

1996 年 5 月 7 日
和平号空间站
的构型

图8-3　两个日期和平号空间站的构型比较

2.3 用作载人登月

美国的阿波罗号飞船登月任务飞行过程，在飞往月球的途中采用了交会对接技术，将登月舱与指挥-服务舱（即指挥舱和服务舱的组合体）组成三舱状态的飞船。在登月舱载两名航天员完成月球着陆、航天员月面行走和探测后，两名航天员乘登月舱的上升级通过交会对接技术与在绕月轨道上的母船（阿波罗号飞船的指挥-服务舱）实现交会对接（见图1-8），以便执行后续任务。

3 典型对接装置与对接的初始条件

用于近地轨道的航天器的典型的对接装置（又称对接机构）有杆-锥式对接装置和周边式对接装置两种。这两种对接装置已在第五章第5节中做了详细的介绍。导向瓣内翻的周边式对接装置如图8-4所示。

图8-4　导向瓣内翻的异体同构周边式对接装置特写

对接的初始条件是指在交会对接过程中两个航天器对接装置接触前两个航天器相对的位置、速度、姿态角、姿态角速度的参数允许变化的范围。典型对接初始条件如表8-1所示。

表 8-1　典型对接初始条件（由航天器的质量决定）

项目	杆-锥式对接装置	周边式对接装置
纵向相对速度/(m/s)	0.1~0.3	0~0.4
横向相对速度/(m/s)	−0.07~0.07	−0.06~0.06
横向位置偏差/m	−0.3~0.3	−0.25~0.25
俯仰角、偏航角/°	−5~5	−4~4
滚动角/°	−10~10	−4~4
角速度/(°/s)	−0.6~0.6	−0.4~0.4

4 神舟号飞船与天宫1号目标飞行器交会对接飞行任务中的测控网

神舟号飞船与天宫1号目标飞行器交会对接飞行任务中的测控与通信任务需要陆海基载人航天测控网和天基载人航天测控网共同来完成。

4.1 陆海基载人航天测控网

陆海基载人航天测控网由飞行控制中心、航天测控站、航天测控船、资源调度中心和连接它们的通信链路构成。

地面对绕地轨道的航天器有一个测控范围，这是因为对航天器的测控范围大多是微波波段，而微波只能沿直线传播，不能像短波那样利用大气层对短波的反射实现更远的传播。地面站对于绕地轨道航天器的测控波段范围如图8-5所示。

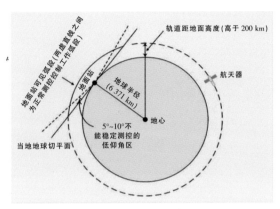

图8-5　地面站对绕地轨道航天器的测控范围

飞船发射时，在火箭发动机的推动下，船箭组合体逐渐加速、上升，从火箭起飞到入轨，一般要经过约10 min的时间，飞行数千千米的航程，这一段称作飞船的发射段或上升段。发射段是飞船能否正常入轨的关键段，又是故障的高发段，一旦出现故障还要地面配合实施应急救生，要求不间断地对目标进行测控和监视。所以要在火箭飞行的地面轨迹附近布置多个测控站接力覆盖。中国载人飞船工程测控通信系统在飞船的上升段设置了三个测控站：东风站、渭南站和青岛站，由这三个站完成上升段运载火箭和神舟号飞船的测控通信任务，如图8-6所示。

为了保证神舟号飞船正常状态下和故障状态下的安全返回，在飞船的返回段，需设置一系列的测控站和测控船，对目标进行高覆盖率的测控和监视。神舟7号飞船返回段的测控通信覆盖情况如图8-7所示。

飞船在入轨后的开始阶段有许多动作事件，如捕获地球、建立正常运

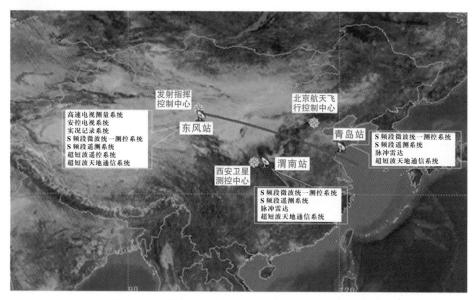

图8-6 中国载人飞船工程上升段地面测控网布局

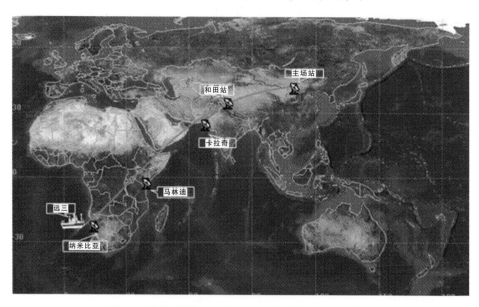

图8-7 神舟7号载人飞船返回段的测控通信覆盖情况

行姿态、太阳电池阵展开及判断实际初始轨道是否正常等。青岛站可继续对入轨后的飞船跟踪、测控，其后有远望号测控船接力，如图8-8所示。这样飞船入轨后5~6 min内，基本上可以判断实际初始轨道是否正常。

神舟7号载人飞船的航天员出舱活动段的飞船地面轨迹与该飞船的返回段的飞船地面轨迹基本重合，从而，使在出舱活动段具有高覆盖率的地面测控通信条件（对于神舟7号载人飞船飞行任务，为远望5号和远望6号接力，如图8-8所示）。

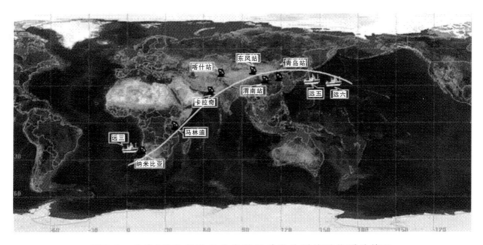

图8-8　神舟7号飞船航天员出舱活动段的测控通信覆盖情况

执行神舟7号飞行任务时航天测控网的基本组成如图8-9所示。

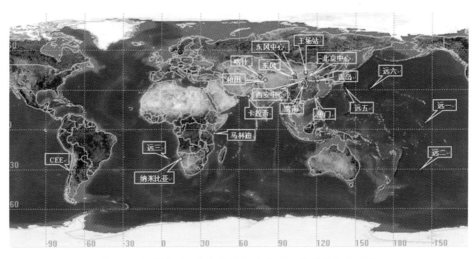

图8-9　执行神舟7号飞行任务时航天测控网的基本组成

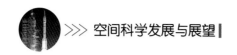

4.2 天基载人航天测控网

天基载人航天测控网主要包括跟踪与数据中继卫星系统和卫星导航定位系统。

跟踪与数据中继卫星系统由跟踪与数据中继卫星（简称中继卫星）和地面应用系统两部分组成。地面应用系统主要包括中继卫星管理控制中心及配套的地面终端站。

中继卫星是定点在赤道上空约36 000 km高度的静止卫星，它"站得高，看得远"。中继卫星的主要任务是完成地面与用户航天器（载人飞船、天宫1号目标飞行器等）之间空间信息的接收和转发，如图8-10所示。

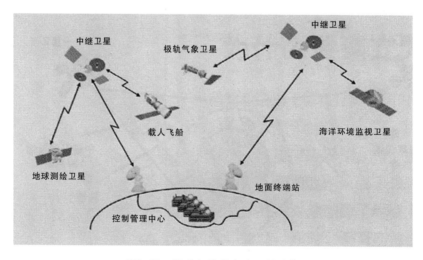

图8-10　跟踪与数据中继卫星系统

2008年4月25日23时35分，中国首颗数据中继卫星天链1号01星在西昌卫星发射中心由长征3号丙运载火箭成功发射升空，进入转移轨道，并于2008年5月1日16时25分定点于东经77°赤道上空。在2008年10月在神舟7号载人飞船执行飞行任务期间，完成了载人飞船-中继卫星-地面应用系统组成的首次中继卫星链路的新技术试验（参见第七章的第17节）。随后，中国于2011年7月11日成功发射了天链1号中继卫星02星，由天链1号中继卫

星01星、02星和地面应用系统构成的天基测控网与陆海基测控网执行了神
舟8号、9号、10号与天宫1号目标飞行器的交会对接的测控与通信任务，
陆海基测控网包括16个国内外陆基测控站、3艘测控船、北京航天飞行控
制中心和西安卫星测控中心等，如图8-11所示。

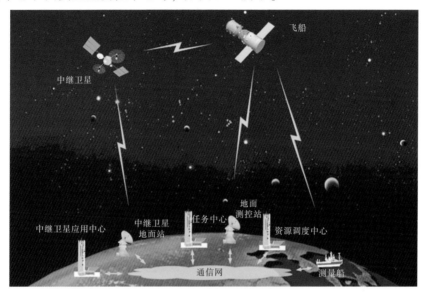

图8-11 中国载人航天陆海基测控网与天基测控网组成示意图

5 长征2FT1火箭与长征2FY1火箭的区别和改进

发射神舟1号至神舟10号的运
载火箭分别叫作长征2FY1至2FY10
运载火箭。

发射天宫1号目标飞行器的运
载火箭是改进型的长征2号F运载
火箭，叫作长征2FT1运载火箭。

长征2FT1火箭与长征2FY1火
箭的比较如图8-12所示，主要区
别与改进如表8-2所示。

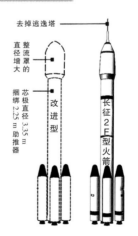

图8-12 长征2FT1火箭(左)与长征2FY1火
箭(右)的比较示意图

表 8-2   长征2FT1火箭与长征2FY1火箭的区别和改进

型号 / 项目	长征2FT1	长征2FY1
是否有逃逸塔	无逃逸塔	有逃逸塔
整流罩直径	较大	较小
整流罩头部的曲线	采用了流线型的冯·卡门曲线	未采用冯·卡门曲线
入轨精度	更高	较高

6 天宫1号目标飞行器的任务、组成和构型

天宫1号目标飞行器的主要任务是作为与神舟号飞船做交会对接飞行试验时的目标飞行器，同时它承担了部分探索空间站技术的试验任务，例如，航天员在神舟号飞船与天宫1号之间转移的技术、航天员在天宫1号内短期生活和工作的技术、天宫1号与神舟号飞船组合体的运动控制和热控制技术等的试验任务。

图8-13   天宫1号目标飞行器在轨构型

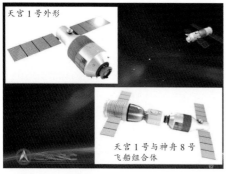

图8-14 天宫1号外形及天宫1号与神舟8号飞船组合体示意图

天宫1号目标飞行器全长10.4 m，起飞质量8.5 t，最大直径3.35 m，设计在轨工作寿命2年。

天宫1号为中国研制的新型航天器，由实验舱和资源舱组成。实验舱由密封舱和非密封后锥段两部分组成。密封舱有效活动空间约为15 m³，可满足三名航天员在舱内工作和生活的需要；非密封后锥段安装了遥感试验设备；实验舱前端安装了被动对接装置和交会对接测量合作目标，与飞船对接后可形成直径0.8 m的转移通

道。资源舱为柱状非密封舱，配置推进系统、太阳电池阵等，为天宫1号提供推力和电源。天宫1号的在轨构型如图8-13、8-14、8-15所示，天宫1号处于太阳电池阵收拢的发射状态的构型如图8-16所示，天宫1号的前侧视图和在轨运行状态（太阳电池阵未展开）的仰视图如图8-17所示。

图8-15　天宫1号(左)与神舟8号(右)即将对接

图8-16　天宫1号做振动试验(天宫1号处于太阳电池阵收拢的发射状态)

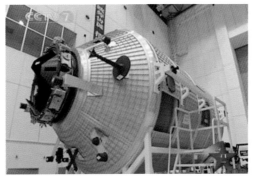

图8-17　天宫1号的前侧视图(左)和仰视图(右)

7 神舟8号飞船有哪些技术特点

神舟8号飞船为改进型载人飞船，沿用轨道舱、返回舱和推进舱三舱结构，全长9 m，舱段最大直径2.8 m，起飞质量8 082 kg。与神舟7号飞船相比，神舟8号飞船取消了与舱外活动相关的设备和物品，增加了微波雷达、激光雷达、CCD敏感器等交会测量设备以及主动式对接机构，具备自动交会对接和分离功能。对接机构采用导向瓣内翻式的异体同构周边式对接机构，对接后可形成直径为0.8 m的航天员转移通道。神舟8号飞船的在轨构型如图8-15（右）所示。

神舟8号飞船不载人，在神舟8号飞船返回舱内装有两个形体假人，按真实飞行状态穿着舱内航天服，服装上安装有生理信号测试盒，采用拟人生理信号主机，模拟发出心电、呼吸、体温、血压等生理信号，考核信号传输链路是否正常。

形体假人穿着的舱内航天服，也是飞船发射、返回和变轨阶段航天员必须穿着的，危急时可拯救航天员的性命。飞船返回舱一旦发生泄漏，压力突然降低，可以立即向舱内航天服内供氧，保障航天员的安全，同时尽快实施应急返回。

图8-18 神舟8号飞船回收着陆分系统出厂评审会后部分与会专家合影（前排右一为本书作者李颐黎）

神舟8号飞船总体和多个分系统都进行了技术改进，并按研制程序进行了技术试验验证和设计评审，以确保产品质量。

8 天宫1号的发射过程有哪些技术特点

8.1 采用"三垂一远"的测试发射模式

天宫1号的发射采用"三垂一远"的测试发射模式,"三垂"是指天宫1号和火箭垂直组装、垂直测试、垂直运输的模式。在技术区,天宫1号及火箭在垂直状态下进行组装对接、测试,最后垂直运输到发射区,经过简单的性能复查即可加注发射。其主要优点是技术区与发射区火箭上产品状态一致(都处于垂直状态),火箭在发射区占位时间短。缺点是需要建造大型垂直总装测试厂房和活动发射平台。但由于利用了已有的神舟号飞船的相应设施,因而不需要重建。"三垂"模式中的垂直运输如图8-19所示。

图8-19 天宫1号与长征2FT1火箭组合体正从技术区垂直运输到发射区(左图为组合体由活动发射平台运出技术区的垂直总装测试厂房;右上图为组合体沿长度为1.5 km的铁轨正在运往发射区;右下图为组合体即将到达发射区的发射塔)

"一远"是指远距离测试发射控制方式。其特点如下:

(1)载人航天发射场测试发射中心设在技术区,提高了发射的安全性。

(2)测试发射中心配置完备的测试发射系统和C^3I系统(即测试发射指

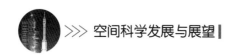

挥监控系统），利用中心的一套主控设备及布置在技术区、发射区各个工位的前置设备，对技术区的综合测试和发射区的发射进行控制，提高了测试发射的可靠性和检测自动化水平，缩短测试时间，减轻测试发射人员操作时的心理负担。

8.2 天宫1号发射段的飞行程序

天宫1号发射段主要的飞行程序如图8-20所示。图中1表示火箭点火，起飞；2表示助推器分离；3表示一级火箭关机和分离；4表示整流罩分离；5表示二级火箭关机；6表示器箭分离、目标飞行器入轨。图8-20还画出了入轨后太阳电池阵的展开过程（见图8-20中的7和8）。

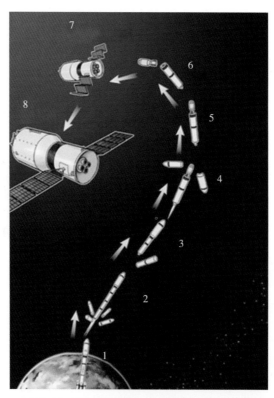

图8-20 天宫1号目标飞行器发射段飞行程序

8.3 天宫1号实际发射状况

2011年9月29日21时16分03秒，天宫1号目标飞行器在酒泉卫星发射中心用长征2FT1运载火箭发射起飞，21时25分45秒天宫1号准确进入预定轨道，如图8-21所示。在发射段运载天宫1号的长征2FT1运载火箭工作正常，传回地面大量遥测数据，特别是还传回了大量的视频火箭遥测图像，从中可以清晰地看到火箭发动机的工作状态（是否有喷流形成的火焰及其状况），如图8-22和图8-23所示。

根据遥测数据判断，2011年9月29日晚器箭分离，天宫1号准确进入预定轨道，随后展开太阳电池阵，如图8-24和图8-25所示。

在天宫1号目标飞行器发射期

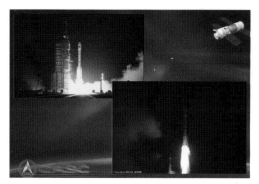

图8-21　天宫1号发射现场

图8-22　长征2FT1火箭发射段遥测图像之一

图8-23　长征2FT1火箭发射段遥测图像之二

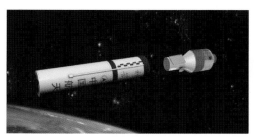

图8-24　天宫1号发射过程中的器箭分离

图8-25　天宫1号展开太阳电池阵

图8-26 2011年9月29日晚,航天专家李颐
黎(中)、马惠廷(右)做客中国航天
网联合搜狐新闻

间,本书作者李颐黎及航天专家马惠廷做客中国航天网联合搜狐新闻,回答了主持人和网友提出的有关天宫1号目标飞行器及长征2FT1火箭的问题,并与网友共享了天宫1号发射成功的喜悦(见图8-26)。

· ● 相关链接 ● ·

航天专家马惠廷、李颐黎解读天宫1号发射

2011年9月29日20时40分至21时40分,中国航天科技集团公司门户网——中国航天网联合搜狐新闻,邀请中国航天科技集团一院火箭总装厂副厂长马惠廷、中国空间技术研究院研究员李颐黎做客访谈,现场同步解读天宫1号发射!

嘉宾简介:

马惠廷: 1965年11月出生,1987年7月参加工作,1986年5月加入中国共产党,大学本科学历,2007年3月任航天科技集团一院火箭总装厂副厂长。

获奖情况:

2001年获国防科学技术奖;

2006年获航天科技集团公司学术和技术带头人荣誉称号;

2006年获航天科技集团一院科学技术成果一等奖;

2006年获航天科技集团一院科技进步奖;

2008年获国家级二等企业管理现代化创新成果奖；

2010年获航天科技集团一院突出贡献个人称号。

李颐黎：1935年出生，1958年毕业于北京大学数学力学系，中国空间技术研究院研究员，北京航空航天大学兼职教授，哈尔滨工业大学兼职教授。大学毕业后曾在钱学森教授指导下学习和工作。从事火箭、卫星和载人飞船系统的设计与研究工作五十余载，历任工程组长、研究室副主任、研究室主任、神舟号飞船总体副主任设计师兼应急救生系统主任设计师。1991年被航空部批准为有突出贡献专家，2004年获国家科学技术进步奖特等奖，同时获曾宪梓载人航天基金突出贡献奖。

主持人：大家好！欢迎大家关注中国航天网和搜狐新闻联合举办的"天宫1号"发射在线访谈，现在是北京时间20点47分。在这个特殊的时刻我们邀请到了两位来自中国航天科技集团的专家，左边的这位是中国航天科技集团一院火箭总装厂副厂长马惠廷老师，这位是中国航天科技集团空间技术研究院研究员李颐黎老师。欢迎二位到中国航天网做客。

咱们现在看到网上直播的是酒泉现场的情况，离发射的时间越来越近了，还在做准备。现在我想所有人的目光都集中在天宫1号上面，我想先问一下李老师，请帮我们简单介绍一下天宫1号以及它的任务。

李颐黎：网友们好！天宫1号是一个目标飞行器，交会对接的任务一般由两个航天器来完成，一个是目标航天器，一个是追踪航天器。我们要实现的是神舟8号和天宫1号的交会对接，这种情况下天宫1号是目标飞行器，神舟8号是追踪飞行器。

主持人：现在媒体上有很多关于天宫和执行这次发射任务的火箭的报道，有的把这次执行任务的火箭叫作"改进型长征2号F运载火箭"，还有的叫长征2号FT1火箭，到底哪种说法比较准确？

马惠廷：正确的说法应该是长征2号FT1火箭，因为要发射天宫1号，所以叫T1火箭。

主持人：冯·卡门曲线整流罩在研制生产过程中遭遇了怎样的困难？有什么样的攻关故事？

马惠廷：这次因为要发射天宫1号，体积和质量比较大，这样的话整流罩就需要加大，在这种情况下如何减少空气的阻力，增加运载能力成为一个难题，设计师就将整流罩的曲线采用了冯·卡门曲线。

主持人：这个曲线可以减少阻力吗？

马惠廷：对。

主持人：这是不是也意味着咱们的工业设计水平在提高呢？

马惠廷：应该这么讲，在我们以往传统设计中实际不是采用这种曲线，这样的话就达不到刚才说到的这些好处。这就给带来了很大难度，首先要做冯·卡门曲线整流罩的话，因为整流罩是个大型器件，加工过程中就会遇到很多困难，我们在这方面克服了很多困难。另外，因为整流罩在飞行过程中要分离，分离的过程中要用到一些特殊材料，这方面也遇到了很多问题，所以是经过努力取得了今天这样的成绩。

主持人：咱们这次整流罩也是第一次在发射场装配，为什么会这样呢？

马惠廷：以往的整流罩直径都是3.7 m，这个大小是根据运输火车铁道的桥梁、隧道的宽度决定的，现在由于要发射天宫1号，天宫1号体积大、直径大，根据设计整流罩直径要达到4.2 m，我们在家里造好之后要分解、分段拿到发射场再对接起来。

主持人：根据之前酒泉发射场的工作人员介绍，发射场在27日和28日出现大风降温天气，所以原定于27日至30日之间实施的天宫1号发射，将在29日至30日之间择机实施。什么样的天气条件有利于天宫1号的发射？它对发射的天气状况有什么特别要求吗？

李颐黎：天宫1号的发射对气象有一定的要求，要求地面风速不大于15 m/s，高空的风速不大于70 m/s，这样的话就不会给火箭增加太多的横向载荷。另外要求发射场周围不得有雷暴天气。

主持人：所以说现在的条件非常适合。

李颐黎：非常好。

主持人：根据最新的消息，天宫1号的最佳"发射窗口"确定在今晚21:16到21:31，这个"发射窗口"的时间是怎么确定的？都有哪些影响因素？

李颐黎：这个因素是非常多的，其中有一个因素是说应该考虑到将来搞交会对接的时候，在最后最精彩的那一段，也就是大家最关心的那一段，快要接近、快要对接的那个阶段，我们希望在白天。

主持人：观测？

李颐黎：对，白天摄像比较方便，各个角度都可以照上，很清晰，这样一旦出现什么故障也好排除。另外，让全国人民都能目睹交会对接的实况，因此就有这么一个特点，只有在夜里发射，才能在白天完成交会对接这最后一段。对神舟7号我们也是要求白天进行出舱活动，因此我们也是要求在晚上9点钟发射的。

主持人：火箭推进剂通常什么时间加注？是不是加注完就要尽快发射出去？

马惠廷：加注一般都是提前一天，一般加注了以后马上要进行发射，一般要加注七八个小时。

主持人：据说这发火箭还有一个变化，就是助推器的头部，由椭球体变成了锥体，为什么？

马惠廷：好处是整个火箭至少能多增加500 kg的推进剂。

主持人：按照设计，天宫1号将在轨运行两年，与神舟8号、神舟9号、神舟10号飞船对接，在这么长的时间里，能源供给至关重要，电源系统可以说是天宫的"生命线"。那么天宫的电力供应是从哪来的？

李颐黎：这次利用了大型的太阳电池阵，除了太阳电池阵，还有蓄电池，在地球阴影区可以把电能取出来用。

主持人：天宫1号这么大，它的用电量是不是也很大？

李颐黎：用电量是很大的，但天宫1号比神舟号飞船有了改进，它的电池效率已经达到27%~28%了，已经接近国际的先进水平了。因此和过去第一代、第二代的太阳电池阵比较，有了很大的改进。

主持人：您刚才还说到了蓄电池，蓄电池是放在资源舱吗？

李颐黎：是的，为什么叫资源舱呢？顾名思义就是提供资源，电就是资源。另外就是资源舱里还有推进系统，含发动机、推进剂储箱，另外我们还把水、氮气储存在里面。人就在实验舱密封段里头，实验舱密封段有15 m³，跟以前相比就有从两居室搬到了三居室的感觉。

主持人：对接机构安装在舱的什么位置上？

　　李颐黎：对接机构安装在实验舱，也就是说是天宫1号飞行器的前端，装的是一个被动式的对接机构，然后神舟8号那边装的是主动式的对接机构，两边使两个飞行器实现交会、对接、拉紧，最后锁定。

　　主持人：昨天中国载人航天工程新闻发言人在酒泉的新闻发布会上说，天宫1号发射升空后，经两次变轨进入高度约为350 km的近圆轨道，进行在轨测试。神舟8号飞船发射前，天宫1号降轨至高度约343 km的近圆轨道，等待交会对接。为什么天宫要进行两次变轨？对接轨道为什么选择343 km？轨道高度的选择有什么样的考虑？

　　李颐黎：先回答第一个问题，天宫1号为什么要提高到350 km。轨道在没有交会对接任务的时候要高一点好，因为高一点大气密度就小了，这样使它的衰减变小了，每转一圈轨道都要降低，这个学名叫轨道衰减。

　　主持人：是什么原因呢？

　　李颐黎：是大气阻力，虽然大气很稀薄，但是长时间的作用也会使轨道发生变化。所以如果没有任务的时候就要把轨道提高一点，这样轨道高度衰减得就比较慢，就省了推进剂了，如果现在就维持在将来要对接的343 km以上，就得不断地给它加推力。

　　李颐黎：再回答第二个问题，为什么我们把它对接时候的轨道降至343 km高度轨道。这个轨道在我们航天界有个学名叫回归轨道，就航天器在地面投影的轨迹来说，它转了一定的圈数以后就跟原来的轨道在地面的投影重合了。343 km高度的圆轨道是两天回归轨道，就是说转了31圈后就跟第1圈重合了，第33圈就跟第2圈重合了。

　　李颐黎：所以说，不一定每次发射都是说加注好了就一定能发射，加注好了一旦飞船或者运载火箭出现问题，或者甚至于地面哪个环节出现问题，或者天气出现问题，这时候没办法就得推迟发射，这样两天回归轨道就有这个好处，就是说今天发射跟过两天发射轨道是一样的，这样可以有一个备份的"发射窗口"，提高了交会对接成功的概率。

主持人： 这个轨道很神奇啊！

李颐黎： 哈哈！很有意思。

主持人： 国际空间站也是343 km？

李颐黎： 国际空间站不是，国际空间站是运行在395 km上的轨道，每隔三天有一次发射的机会。

主持人： 马上就要到21点16分了，发射大厅一片寂静，大家都在等待发射的时刻，我们也来看一下。

李颐黎： 这个时候大家都在各自岗位上静静等待。

主持人： 这次总装厂做了什么工作来保证天宫1号的发射？

马惠廷： 因为航天是高风险的行业，每个环节都很重要，发射天宫1号就显得尤为重要，所以在我们正常管理的体系管理基础上，我们首先要进行风险识别，辨别找到哪些是薄弱环节，还有易错的环节，在分离、运转的过程中，这样的环节我们都定为容易出问题、高风险的环节，把风险识别出来，逐一地采取措施。其次，我们把生产过程中每个组件都列出生产数据，跟之前发射成功过的组件进行比较，用这些手段提高整个发射的可靠性。

主持人： 网友想问李老师这样一个问题，在轨道上运行，天宫1号的飞行速度是多少？是7.8 km/s的第一宇宙速度？

李颐黎： 不是，比这个速度要小，7.91 km/s的第一宇宙速度是什么概念呢？假设贴着地球表面飞，假设地球表面没有阻力是7.91 km/s，但实际上是不可能没有阻力的，另外地球表面高低不一样，还有喜马拉雅山啊，所以不能飞那么低。飞多高呢？一般最低的高度是200 km以上。

主持人：火箭器箭分离的时候是不是发射成功了？

马惠廷：运载火箭的任务就完成了。

主持人：天宫1号还要运行一段时间才知道发射成功，是吗？

李颐黎：天宫1号进入到运行段一般是要把地平面找到，然后要调整姿态。由于器箭分离对目标飞行器是个干扰，它要把姿态调整好。

主持人：然后就成功了？

马惠廷：还不行，还一定要把帆板打开，保证有电。（观看酒泉发射场天宫1号的发射实况）

李颐黎：因为电子技术的发展，现在可以把在上面拍摄的照片，通过遥测传回来。

主持人：现在能看到一个光点，接下来是什么？

李颐黎：接下来是二级关机。

主持人：现在是255 s了。

马惠廷：现在可以直接看直播了，以前都没有。

主持人：这个是绿色的火焰？

李颐黎：蓝色的。

主持人：现在如果在发射现场用肉眼还能看得见吗？

李颐黎：应该看不见。肉眼能看到的要有几个条件，一是反光面足够大，比如说像我们第一个人造卫星做个观测体，它的直径是

4 m，这样就看得到它。另外，要是清晨或傍晚，因为在此时才有航天器被日光照亮而背景天空是黑的的情况。（观看酒泉发射场发射现场直播）

马惠廷：这火焰很稳定、很平稳。火箭飞得很平稳。

李颐黎：这样的直播效果已经很好了，以前这一段我们只能看动画。

主持人：整个飞行过程大概是多长时间？

李颐黎：这次是583 s，从起飞一直到器箭分离要583 s，但实际上因为推进剂的流量有些偏差，所以差几秒都是正常的。

马惠廷：根据它的测量的高度和速度到了也会关机。

李颐黎：并不是按照时间关机，而是按照轨道达到一定的要求。

主持人：这个大屏幕上出现的是真实的天宫1号吗？

马惠廷：这个是。这个监测的是天宫1号的情况，摄像机朝上照的，所以看不到火箭的火焰。

李颐黎：这是远望3号监测到的图像，把远望3号布置在这儿，可以使上升段测控的覆盖率达到百分之百，把陆地那些测控站测控弧段延伸到这儿。

马惠廷：这是天宫1号的侧面吧？

马惠廷：这个画面很平稳，说明飞行平稳。

李颐黎：现在应该是天宫1号的太阳电池阵已经展开了。

主持人：这时候器箭已经分离了？

李颐黎：已经分离了。

马惠廷：都分离了好几分钟了。

主持人：那现在天宫1号是在调姿？

李颐黎：首先要把太阳电池阵展开。

马惠廷：展开就有电了，有电了就可以干其他的事了。

主持人：现在是黑天也能发电吗？

李颐黎：现在还不行，得转到阳照区，但很快，转一周的时间大概是一个半小时，所以很快它就会转到阳照区。

马惠廷：现在在飞行之前飞行器上的电池已经充过电了。

李颐黎：先用蓄电池里的。

主持人：再过一会儿远望3号就跟不到了吧？

李颐黎：对，但没关系啊，有中继卫星啊。

主持人：点火的振动和发射火箭对摄像都没影响？

李颐黎：摄像头离发动机远。

主持人：最后天宫1号和神舟8号对接，对接成功之后就变成了一个新的组合体，这时由谁来控制？

李颐黎：在对接飞行的状态下是由天宫1号控制的，这时候主要是运动控制，比如说要调姿，这时候不能两个大脑都说了算。

马惠廷：正常入轨了。

主持人：可以鼓掌了！

李颐黎：咱把正常入轨又延伸了一些，除了轨道正确以外，飞船的太阳电池阵也展开了。

马惠廷：各个参数都对了。

主持人：大概多长时间以后要调整？

李颐黎：经过两次变轨以后就把它变成350 km高的运行轨道。

主持人：有的网友对太空垃圾的问题很关注，因为前段时间美国报废卫星失控坠毁抱怨纷纷，太空中有很多太空垃圾，咱们这个天宫1号怎么躲避太空垃圾？

李颐黎：有几种方法。第一，有一个专门研究空间气象的单位，现在空间气象这个名词已经很普通了，大气层内的气象主要是预报有没有风、有没有雨这些参数，空间气象主要是预报太阳是不是有耀斑爆发，碎片垃圾的分布，对空间站或者其他航天器有没有撞击的危险。加强这方面的预报和监测，包括微流星，会不会撞到天宫1号上。

第二，我们采取一些措施，一个措施是在天宫1号上装一个防止微流星和太空垃圾撞击的防护板，像一个罩一样，这样一旦有比较大的碎片撞上就会把它的能量吸收掉，不会把实验舱砸破了。

第三，一旦预报有比较大的碎片要碰撞，可以改变轨道，避开空间碎片的撞击。

主持人：说明还是有很多办法的。

李颐黎：对。

主持人：按照咱们中国航天的三步走的计划，现在发射了天宫1号可以说离目标又近了一步，对建设我国空间站还有什么要突破？

李颐黎：建立空间站的技术还有很多要突破，其中有再生式环保系统，就是现在我们带上去的食物、水都是一次性使用就完了，空气一次性使用就完了，再生式就是想办法把水回收。第二个技术是长时间工作的技术，就是说我们神舟飞船在轨道上只是飞行了5天，设计是7天，空间站不一样，空间站要工作几个月、几年甚至十几年，因此长寿命对所有系统都面临严峻的考验，就是说你可以工作几天不出故障，而你工作几年甚至十几年不出故障，这样就要求可靠性必须非常高。空中的氧离子粒会对太阳电池片产生腐蚀，这个问题怎么解决；另外，交会对接之后统一的组合体运动控制、交会对接过程中的防撞控制。所以，要解决的问题还是很多的，任重而道远。

主持人：请马老师介绍一下长征5号的情况。

马惠廷：现在长征5号按照计划运行，计划2014年上天，今天天宫1号的运载能力是8 t，将来长征5号的运载能力可以达到20 t，这样空间站可以更大，可以提供更多的实验环境和空间。

主持人：非常感谢两位老师回答了网友很多问题，希望以后还能请到两位来我们这里做客。此时此刻天宫1号正在按照预定轨道运行，它承载着我们的希望，让我们一起祝愿它飞得越来越好！

(2011年9月29日)

9 中国首次交会对接任务的飞行程序与实施结果

中国首次交会对接为无人自动交会对接试验，交会对接的目标飞行器为天宫1号，追踪飞行器为神舟8号飞船。2011年9月29日晚21时16分，运载着天宫1号目标飞行器的长征2FT1火箭起飞，它工作正常，将天宫1号送入预定的轨道。

经过第4圈和第13圈两次变轨，并完成在轨平台测试和变轨调相，天宫1号进入高度约为343 km的近圆轨道上运行，等待与神舟8号飞船进行交会对接。

交会对接过程分为远距离导引段、自主控制段、对接段、组合体飞行段和分离撤离段。为了增加神舟8号与天宫1号的交会对接试验机会，在组合体飞行段之后又增加了一个第二次交会对接试验。

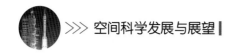

9.1 远距离导引段

2011年11月1日凌晨，神舟8号飞船发射升空，正常入轨。经过第一次变轨控制，神舟8号飞船进入近地点高度为261 km、远地点高度为318 km的预定轨道飞行。

在远距离导引段，北京航天飞行控制中心在神舟8号飞船飞行的第5圈、第13圈、第16圈、第19圈和第24圈，先后实施5次变轨控制，将神舟8号从距离天宫1号约10 000 km的初始轨道，准确引导到高度为330 km的近圆轨道，并在天宫1号后下方52 km处，与天宫1号目标飞行器建立起稳定的空空通信链路，远距离导引段结束，自主控制段开始。

9.2 自主控制段

自主控制段经历寻的、接近和平移靠拢三个阶段，神舟8号飞船通过交会对接测量设备，自主导航至与天宫1号目标飞行器接触，自主控制段飞行过程约144 min。在自主控制段，神舟8号继续追踪天宫1号，并在二者相距5 000 m、400 m、140 m、30 m处，设置四个停泊点。

9.3 对接段

对接段从对接机构接触开始，在15 min内完成捕获、缓冲、拉近和锁紧四个过程，最终实现两个飞行器刚性连接，形成组合体。

9.4 组合体飞行段

组合体飞行段由天宫1号目标飞行器负责组合体飞行控制，神舟8号飞船处于停靠状态。组合体飞行约11天。

9.5 第二次交会对接试验

组合体飞行约11天后，于2011年11月14日进行第二次交会对接试验。

对接机构解锁后，两个飞行器分离，神舟8号飞船撤离至天宫1号目标飞行器后方140 m处停泊，按照对接程序进行第二次交会对接，如图8-27至图8-36所示。

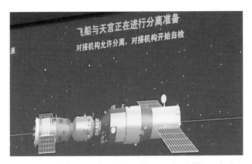

图8-27　神舟8号准备与天宫1号实施第二次交会对接，对接机构允许分离

图8-28　天宫1号上的摄像机拍摄到的神舟8号，对接机构开始解锁

（a）神舟8号撤离至30 m停泊点

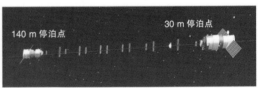

（b）神舟8号撤离至140 m停泊点

图8-29　神舟8号撤离至30 m停泊点和140 m停泊点

图8-30　天宫1号拍摄到的神舟8号向30 m停泊点撤离

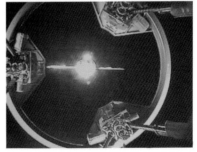

图8-31　2011年11月14日，天宫1号与神舟8号分离后进行第二次交会对接（图为从神舟8号上的摄像机拍摄到的天宫1号视频截屏）

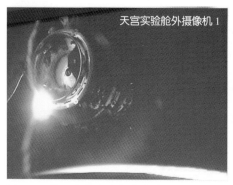

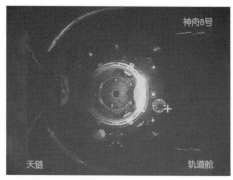

图8-32 第二次交会对接中神舟8号向天宫1号靠扰

图8-33 第二次交会对接中神舟8号向天宫1号最后靠扰

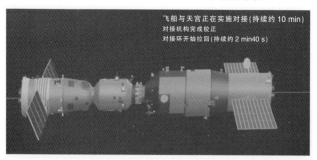

图8-34 第二次交会对接中对接环开始拉回(宫继良摄)

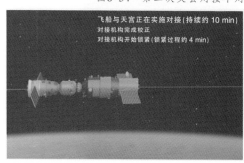

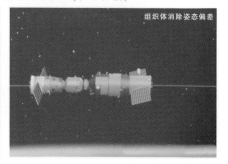

图8-35 第二次交会对接中对接机构开始锁紧(宫继良摄)

图8-36 2011年11月14日20时,神舟8号与天宫1号实现第二次对接,对接后组合体消除姿态偏差(宫继良摄)

9.6 分离撤离段

组合体继续飞行两天后,进入分离撤离段,2011年11月17日两个飞行器再次分离,神舟8号飞船撤离至距天宫1号目标飞行器5 km的安全距离,交会对接试验结束。

9.7 返回段

交会对接试验结束后，神舟8号飞船按预定程序飞行，于2011年11月17日19时32分返回舱安全着陆在主着陆场（见图8-37至图8-40）。

图8-37　神舟8号返回舱乘主伞下降

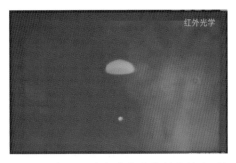

图8-38　应用红外光学技术拍摄的神舟8号返回舱乘主伞下降

图8-39　神舟8号飞船返回舱在四子王旗主着陆场安全着陆

图8-40　2011年11月17日晚，北京空间机电研究所科研人员热烈庆祝神舟8号飞船安全返回

神舟8号飞船返回后，天宫1号目标飞行器变轨升至高度约370 km的轨道，自主进行轨道运行，等待2012年神舟9号飞船与它实施首次手控交会对接。

9.8 中国首次交会对接任务的特点

中国首次交会对接任务圆满完成，这次任务和历次中国载人航天任务相比，其特点可用以下6个"最"来概括：

（1）入轨精度最高。

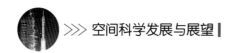

（2）在役火箭中整流罩最大（指新研制的长征2FT1火箭的整流罩）。

（3）载人航天器飞行能力最强（神舟8号和天宫1号既能单独飞行，又能将二者对接起来呈组合体飞行）。

（4）在轨飞行时间最长（此次任务之前神舟号载人飞船最长的飞行时间是5天，而此次神舟8号飞船在轨飞行时间达16天）。

（5）技术难度最大。此次飞行试验首次考验了两个飞行器的自动交会对接技术、组合体的运动控制技术、组合体的热控制技术等。

（6）国产化程度最高。

10 中国首次手控交会对接——神舟9号与天宫1号的交会对接

10.1 神舟9号与天宫1号载人交会对接的任务目标

根据中国载人航天工程任务规划及飞行任务计划安排，中国于2012年6月组织实施了神舟9号与天宫1号的载人交会对接任务。任务的目标如下：

（1）首次验证手控交会对接技术，进一步验证自动交会对接技术。

（2）全面验证目标飞行器保障支持航天员生活与工作的功能、性能以及组合体管理技术，首次实现地面向在轨飞行器进行人员和物资的往返运输与补给，开展航天医学实验及有关关键技术试验。

10.2 神舟9号与天宫1号载人交会对接任务的技术状态

神舟9号飞船与神舟8号飞船技术状态基本一致，但前者载有三名航天员，后者不载人。为进一步提高安全性与可靠性，神舟9号进行三部分技术状态更改。神舟9号飞船全长9 m，最大直径2.8 m，起飞质量8 130 kg。

神舟9号载人飞船由轨道舱、返回舱和推进舱组成。轨道舱的前端安装有导向瓣内翻的异体同构周边式对接机构。神舟9号载人飞船在轨运行状态的构型如图8-41所示。

图8-41　神舟9号载人飞船在轨运行状态的构型

　　神舟9号载人飞船返回舱乘坐三名航天员，座椅区布局如图8-42中的右图所示。执行手控交会对接任务时，执行手控交会对接的航天员坐在中间的座椅上，他右手操纵姿态控制手柄，左手操纵平移控制手柄，手动控制飞船的运动。

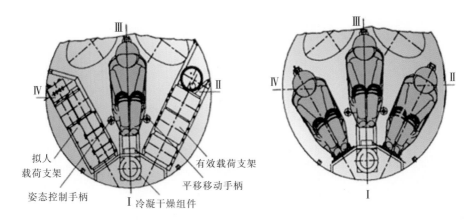

拟人
载荷支架
姿态控制手柄
Ⅰ冷凝干燥组件
有效载荷支架
平移移动手柄

图8-42　神舟号飞船返回舱座椅区的布局(左图为神舟2号状态,右图为神舟9号状态)

　　测控通信网由2颗天链1号中继卫星、14个国内外地面测控站、3艘测量船以及北京航天飞行控制中心、酒泉航天发射指挥控制中心、西安卫星测控中心和中继卫星控制管理中心等组成，如图8-43所示。轨道交会的最后逼近时的测控条件如图8-44所示。

图8-43　执行神舟9号与天宫1号载人交会对接任务的测控通信网

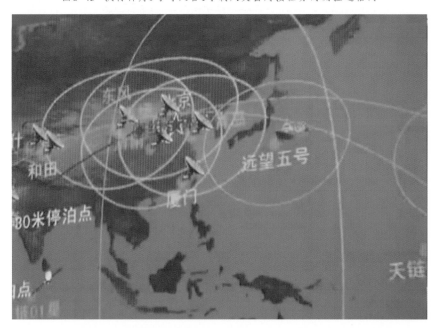

图8-44　神舟9号与天宫1号载人交会对接任务轨道交会的最后逼近时的测控条件

10.3 神舟9号与天宫1号的交会对接飞行程序设计

神舟9号载人飞船在酒泉航天发射指挥中心发射。飞行乘组由三名航天员组成，其中一名为女航天员。飞船在轨飞行13天，计划安排飞船与天宫1号进行两次交会对接，第一次为自动交会对接，第二次由航天员手动控制完成。

图8-45　神舟9号与天宫1号自动对接，形成组合体

神舟9号飞船发射入轨后，按预定程序完成与目标飞行器的自动交会对接，此过程与神舟8号与天宫1号的交会对接基本一致，如图8-45所示。

航天员在地面指挥与支持下，完成组合体状态的设置与检查，然后依次打开各舱舱门，通过对接通道进入天宫1号的实验舱，如图8-46所示。

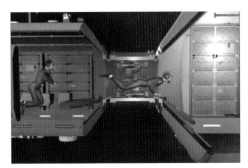

图8-46　航天员正在通过对接通道进入天宫1号实验舱

在组合体飞行期间，由目标飞行器负责飞行控制，飞船处于停靠状态。三名航天员在飞船轨道舱内就餐，在天宫1号内进行科学实验、技术试验、锻炼和休息，如图8-47所示。

图8-47　三名航天员在天宫1号内工作

10.4 中国首次手控交会对接的主要过程

三名航天员从天宫1号目标飞行器回到飞船，一路上依次关闭各舱的舱门。飞船与天宫1号分离，然后，飞船自主撤离至距目标飞行器约400 m处，然后自主控制飞船接近目标飞行器，在相距约140 m处停泊，转由航天员手动控制飞船，实现与目标飞行器的手控交会对接，如图8-48所示。

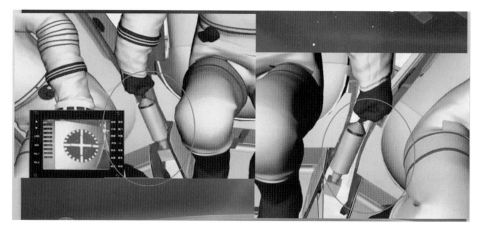

图8-48　航天员操纵手动控制手柄,完成手控交会对接

图注：左手操纵平移控制手柄，右手操纵姿态控制手柄，左下角为旋转了180°后的航天员手控对接瞄准屏。

飞船返回前，三名航天员回到飞船的返回舱，一路上关闭各舱门。飞船与目标飞行器分离，航天员手动控制飞船撤离至140 m停泊点，飞船转为自主控制，继续撤离至5 km之外的安全距离。

之后，飞船按预定程序返回主着陆场，地面人员及时完成航天员搜救和返回舱回收。然后目标飞行器变轨到370 km高的近圆轨道上，转入长期在轨运行，等待2013年与神舟10号载人飞船实施交会对接飞行任务。

10.5 神舟9号载人飞船飞行乘组的特点

神舟9号载人飞船载有三名航天员：景海鹏、刘旺和刘洋。景海鹏任指令长，他在2008年9月曾执行神舟7号载人飞船飞行任务，获得圆满成功。2012年3月，入选神舟9号任务飞行乘组。刘旺于1998年1月正式成为我国首批航天员，2012年3月入选神舟9号任务飞行乘组。刘洋于2010年5月正式成为我国第二批航天员，2012年3月入选神舟9号任务飞行乘组，她是中国第一位飞天的女航天员（三名航天员的照片及简历见图8-49至图8-51）。

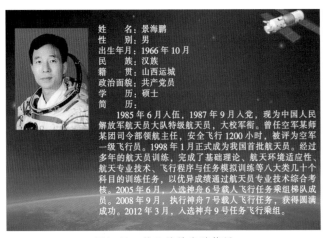

图8-49　航天员景海鹏简历

图8-50　航天员刘旺简历

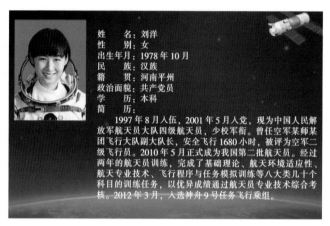

图8-51　航天员刘洋简历

　　三名航天员均经过多年的航天员训练，完成了基础理论、航天环境适应性、航天专业技术、飞行程序与任务模拟训练等八大类几十个科目的训练任务，以优异成绩通过航天员专业技术综合考核，如图8-52和图8-53所示。

图8-52　航天员景海鹏、刘旺在模拟返回舱内进行手控交会对接训练(新华社发)

图8-53　神舟9号航天员乘组景海鹏（中）、刘旺(左)、刘洋(右)在模拟返回舱内进行上升段操作训练(新华社发)

10.6 神舟9号航天员进驻天宫1号及中国首次手控交会对接的实施情况

　　2012年6月16日18时37分，长征2FY9火箭在酒泉卫星发射场成功发射，它将神舟9号载人飞船送入预定的轨道（见图8-54和图8-55）。

　　神舟9号入轨后，经过约2天时间与天宫1号目标飞行器实现了自动交会对接。2012年6月18日17时07分，景海鹏第一个从神舟9号穿舱进入天宫

图8-54 长征2FY9运载火箭顺利升空

图8-55 2012年6月16日，神舟9号发射过程直播，嘉宾做客北京交通广播电台（右为李颐黎）

1号，如图8-56所示；17时09分刘旺从神舟9号进入天宫1号；17时29分，景海鹏、刘旺、刘洋在天宫1号的"全家福"影像传送到地面，如图8-57所示。这是中国航天员首次进驻天宫1号实验舱。

神舟9号飞行乘组在天宫1号内工作、生活了约6天后，2012年6月24日，航天员换上了舱内航天服后回到神舟9号返回舱就座，手控交会对接的主操作手刘旺，坐在了中间的座椅上，准备在天宫1号与神舟9号组合体分离后，进行中国首次手动交会对接。

2012年6月24日，北京航天飞行控制中心指挥大厅大屏幕显示，天宫1号与神舟9号组合体分离，直至400 m停泊点，如图8-58所示。

图8-56 景海鹏从神舟9号穿舱进入天宫1号

图8-57 2012年6月18日17时29分，神舟9号飞行乘组在天宫1号的"全家福"

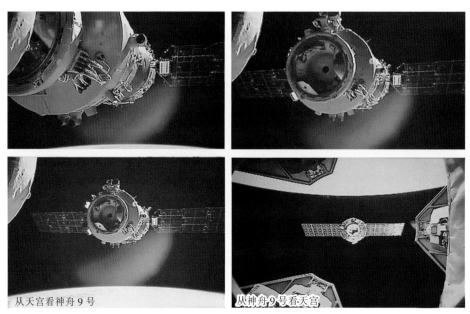

从天宫看神舟9号   从神舟9号看天宫

图8-58 天宫1号与神舟9号组合体分离并撤离至400 m停泊点的过程(徐阳摄)

接着，神舟9号从400 m停泊点采用自动控制方式逼近至140 m停泊点；在140 m停泊点处检查飞船和目标飞行器状态正常后，由航天员刘旺根据观察到的十字靶标（见图8-59），手动操纵飞船，从140 m停泊点逐渐靠拢天宫1号（见图8-59和图8-60）。

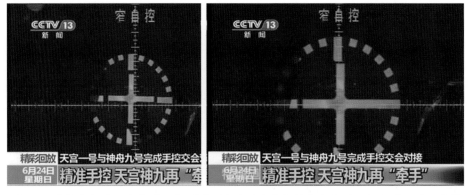

图8-59 手控神舟9号逐渐靠近天宫1号的过程中十字靶标图像由小(左)变大(右)，位置也越来越准

图8-60 手控神舟9号靠拢天宫1号的最后瞬间

北京时间2012年6月24日12时许，在航天员刘旺的精准操作控制下，神舟9号飞船成功实现与天宫1号目标飞行器的交会对接，这是中国航天员首次实现的手控交会对接。手控交会对接实现对接机构捕获后，神舟9号的航天员握手相庆，随后刘洋又竖起右手拇指表示赞扬（见图8-61）。

中国中央电视台等多家媒体直播了神舟9号与天宫1号手控交会对接的全过程。图8-62为神舟9号与天宫1号手控交会对接在北京交通广播电台直播后嘉宾与主持人合影。

图8-61 中国首次手控交会对接对接机构完成捕获后在神舟9号返回舱内执行任务的航天员刘旺(中)、景海鹏(左上)、刘洋(右下)握手相庆，随后刘洋又竖起右手拇指表示赞扬

图8-62 2012年6月24日，神舟9号与天宫1号手控交会对接直播后，嘉宾李颐黎与北京交通广播电台主持人合影(左二为本书著者李颐黎)

神舟9号与天宫1号手控交会对接完成后，三名航天员再次进入天宫1号实验舱，并开展工作（见图8-63和图8-64）。

图8-63　2012年6月24日，手控交会对接成　　　　图8-64　刘洋在天宫1号中工作
功后三名航天员再次进驻天宫1号

10.7 神舟9号载人飞船返回的精彩瞬间

神舟9号载人飞船于2013年6月29日9时许开始返回。图8-65为神舟9号返回地球的星下点轨迹。

神舟9号飞船在下降至145 km左右的高度时，推进舱与返回舱分离。图8-66为从神舟9号推进舱外摄像机拍摄的推进舱与返回舱分离过程的视频截屏，右上方远去的圆形黑影为返回舱。

图8-65　神舟9号返回圈的星下点轨迹　　　图8-66　神舟9号推进舱与返回舱分离过程
（中国网　胡迪摄）　　　　　　　　的视频截图

神舟9号飞船返回舱和推进舱再入大气层过程中的光学图像如图8-67所示。

神舟9号飞船返回舱乘主伞下降的红外光学图像如图8-68所示。

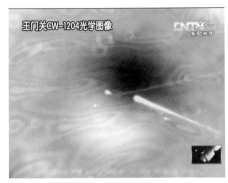 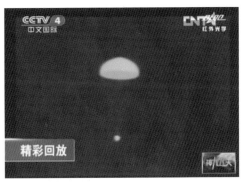

图8-67　神舟9号飞船返回舱（图中央的亮　　图8-68　神舟9号飞船返回舱(图下方的圆形
　　　　　点)再入大气层过程的光学图像和　　　　　　亮点)乘主伞(图上方的半球形亮物
　　　　　推进舱(图右侧带有一长尾的亮点)　　　　　为主伞伞衣)下降的视频截图
　　　　　再入大气层过程的光学图像

神舟9号飞船返回舱着陆前后的精彩瞬间如图8-69所示。

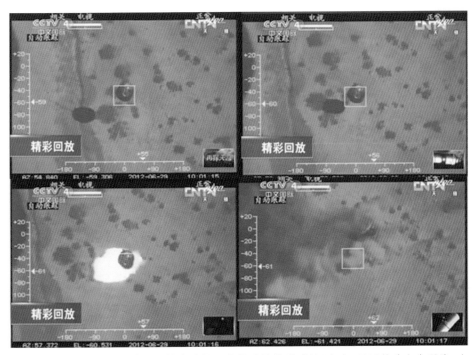

图8-69　神舟9号返回舱着陆反推发动机工作前后的精彩瞬间(左上:返回舱乘主伞下降;右
　　　　上:返回舱离地面很近的情况;左下:着陆反推发动机点火,有火光瞬间;右下:着陆
　　　　反推发动机熄火)

神舟9号返回舱安全着陆在主着陆场，地面搜索队伍在第一时间发现了返回舱。航天员在返回舱内经过一段时间的重力再适应后，安全出舱（见图8-70和图8-71）。

图8-70　航天员刘洋自主出舱

图8-71　2013年6月29日，航天员景海鹏、刘旺、刘洋出舱后致意（王建民摄）

2012年7月13日，神舟9号航天员结束为期14天的隔离恢复期后，在北京航天城航天员公寓与媒体记者见面，并回答提问（见图8-72）。

图8-72　2012年7月13日，在北京航天城航天员公寓神舟9号航天员与媒体记者见面并回答提问

10.8 中国首次载人交会对接取得的成果

神舟9号任务实现了四项中国的"第一次"，也是四大特点、四大难点：

（1）第一次实施手控交会对接。

（2）航天员第一次访问在轨航天器。

（3）女航天员第一次太空飞行。

（4）第一次进行长达13天的载人在轨飞行。

11 神舟10号与天宫1号的交会对接任务

11.1 任务的主要目的

任务的主要目的有下列四项：

（1）发射神舟10号飞船，为天宫1号目标飞行器在轨运行提供人员和物资天地往返运输服务；进一步考核交会对接技术和载人天地往返运输系统的功能和性能。

（2）进一步考核组合体对航天员生活、工作和健康的保障能力，以及航天员执行任务的能力。

（3）进行航天员空间环境适应性、空间操作工效研究，开展空间科学实验和航天器在轨维修等试验，首次开展我国航天员太空授课活动。

（4）进一步考核工程各系统执行飞行任务的功能、性能和系统间的协调性。

11.2 任务的安排与实施情况

神舟10号载人飞船的飞行乘组由三名航天员组成，他们是：聂海胜、张晓光和王亚平（见图8-73）。

聂海胜当时为中国人民解放军航天员大队特级航天员，少将军衔，硕士学位。2005年10月，执行神舟6号飞行任务，获得"英雄航天员"称号。2013年4月入选天宫1号与神舟10号载人飞行任务乘组，在这次任务中担任神舟10号飞船指令长。

张晓光当时为中国人民解放军航天员大队二级航天员，大校军衔，硕士学位。2013年4月入选天宫1号与神舟10号载人飞行任务乘组，在这次任务中，他和聂海胜均具有飞船驾驶、组合体管理、手动交会对接以及应急情况下的处理能力。

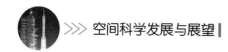

王亚平，女，2010年5月正式成为我国第二批航天员。当时为中国人民解放军航天员大队四级航天员，少校军衔，学士学位。2013年4月入选天宫1号与神舟10号载人飞行任务乘组，在这次任务中，担任太空授课主讲，还负责飞行器状态监视、空间实验、设备操控和乘组生活照料。

图8-73 2013年6月10日下午，神舟10号飞船飞行乘组航天员聂海胜(中)、张晓光(右)、王亚平(左)在酒泉卫星发射中心航天员公寓问天阁内与中外媒体见面，并回答记者提问

2013年6月11日17时38分许，长征2FY10运载火箭顺利升空，并将载有三名航天员的神舟10号飞船送入预定轨道。

飞船入轨后，按预定程序先后与天宫1号进行一次自动交会对接和一次航天员手控交会对接。组合体飞行期间航天员进驻天宫1号，并开展了航天医学实验、技术试验及太空授课活动，取得了圆满的成功（见图8-74和图8-75）。

2013年6月26日8时07分，神舟10号载人飞船返回舱在内蒙古四子王旗主着陆场成功着陆，航天员聂海胜、张晓光、王亚平顺利出舱，身体状况良好（见图8-76）。

图8-74 神舟10号飞船飞行乘组三名航天员进驻天宫1号并挥手致意

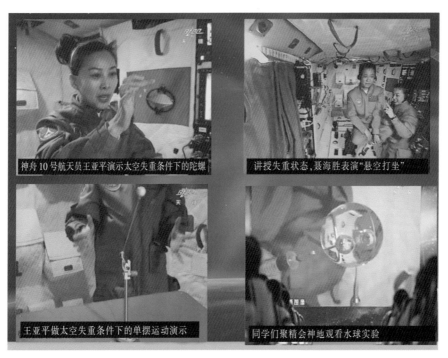

图8-75 航天员王亚平在天宫1号上首次开展我国航天员太空授课活动

图8-76 航天员聂海胜、张晓光、王亚平顺利出舱(秦宪安摄)

·●相关链接●·

回家，绽放最美微笑

2013年6月26日9时许，在神舟10号飞船安全着陆后约1小时，身穿乳白色舱内航天服的航天员聂海胜、张晓光、王亚平依次出舱，他们神采奕奕，面带微笑，向大家致意，并高兴地回答了记者的提问。

两次飞天的聂海胜是第二次降落到这片大草原。他说："这是我第二次执行载人飞行任务归来，脚下这片土地对于我来说很熟悉、很亲切。回家的感觉真的很好。此时此刻，我最想说的是，太空是我们的梦，祖国是我们永远的家，祝愿我们的祖国更加繁荣昌盛，祝愿我们的人民日子越过越红火，感谢全国人民对我们的关心和支持！"

作为我国首批航天员之一，张晓光为这次任务等待和准备了15年，除了感谢全国人民的支持，他还表达了自己航天梦永无止境，奋斗永不停歇的感受："我觉得我们是追梦的人，也是圆梦的人，昨天我们追梦，今天我们实现了梦想，我们又将在明天追求新的开始，我们所有的航天人秉承一个理念，不求最好，只求更好，航天梦永无止境。"

当被问到巡游太空的突出感受时，天宫1号太空授课主讲人、中国第一位太空女教师王亚平答道："这次飞行任务让我圆了两个儿时的梦想，一个是飞天梦，一个是教师梦，而且是在天地间上的课。愿全国青少年朋友们都有美好的人生梦想，有梦想就能成功。"

12 中国载人航天的发展战略与未来发展计划

1992年9月，中央决策实施中国载人航天工程，并确定了中国载人航天"三步走"的发展战略：

第一步，发射载人飞船，建设初步配套的试验性载人飞船工程，开展空间应用实验；

第二步，突破航天员出舱活动技术、空间飞行器交会对接技术，发射空间实验室，解决有一定规模的、短期有人照料的空间应用问题；

第三步，建造空间站，解决有较大规模的、长期有人照料的空间应用问题。

神舟1号至神舟6号飞船飞行任务的成功，标志着实现了工程第一步的任务目标。神舟7号飞行任务的圆满成功，标志着中国掌握了航天员出舱活动技术，天宫1号与神舟8号、9号、10号交会对接飞行任务的圆满成功标志着中国掌握了空间飞行器交会对接技术，实现了第二步第一阶段的任务目标。

中国在2016年三季度至2017年上半年间将实施载人航天工程第二步第二阶段的任务，即载人航天工程空间实验室任务。该阶段任务的目标是验证货物运输及推进剂在轨补加以及航天员中期驻留等空间站建造与运营的关键技术，开展较大规模的空间科学和应用试验。为实现上述目标，我国载人航天工程将新研制天宫2号空间实验室、长征7号运载火箭和天舟号货运飞船，新建海南文昌发射场，并将组织4次发射、飞行试验任务。

中国在2020年前后将建成60 t级的载人空间站，该空间站由1个核心舱和2个实验舱组成，每个舱都是20 t级。该空间站用于突破和掌握近地空间站组合体的建造和运营技术、近地空间长期载人飞行技术并开展大规模的空间应用。载人飞船和天舟号货运飞船将为空间站运送人员和物资。按照计划，中国在建造空间站的同时，将发射1个单独飞行的光学舱，它在功能上类似哈勃空间望远镜，但视场是哈勃空间望远镜的300倍。光学舱将与空间站保持一定距离进行共轨飞行，需要补加推进剂或维护升级时，与空间站交会对接，由航天员操作。光学舱在轨10年间将以不低于哈勃空间望远镜的精度拍摄到40%左右的宇宙空间，利用这些数据我国科学家有望在宇宙起源、发展、进化等世界前沿科学领域取得突破。

参 考 文 献

[1] 戚发轫,李颐黎.巡天神舟——揭秘载人航天器[M].北京:中国宇航出版社, 4,15,19,23-25,44.

[2] 郁馨.苏联/俄罗斯航天器交会对接故障[J].国际太空,2011(5):17.

[3] 中国大百科全书出版社编辑部.中国大百科全书·航空航天[M].北京:中国 大百科全书出版社,1985:12,62.

[4] 张蕊.美国航天器交会对接故障[J].国际太空,2011(5):28.

[5] 钱卫平,吴斌.碧空天链——探究测控通信与搜索救援[M].北京:中国宇航 出版社,4,7,9-11,144.

[6] 东方星.众人拾柴火焰高——与天宫-1有关的四大系统改进[J].国际太空, 2011(10):11-16.

[7] 访谈实录:航天专家马惠廷、李颐黎解读天宫发射[EB/OL]. (2011-09-29). http://www. spacechina. com/n25/n144/n206/n228/c15458/content. html.

[8] 中国载人航天办公室. 天宫一号任务飞行方案[EB/OL]. (2011-10-29). http:// www. cmse. gov. cn/news/show. php?itemid=1896.

[9] 中国载人航天办公室. 天宫一号/神舟八号交会对接任务方案[EB/OL]. (2011-10-30). http://www. cmse. gov. cn/news/show. php?itemid=1899.

[10] CCTV-13新闻频道.独家揭秘天宫神八交会对接全过程[EB/OL]. (2011-10-02). http://news.cntv.cn/china/20111002/104038. shtml.

[11] CCTV-1综合频道.“神八”将于11月初择机发射:飞船火箭组合体安全转场[EB/OL]. (2011-10-26). http://news.cntv.cn/china/20111026/119193. shtml.

[12] 朱增泉.飞天梦圆——来自中国载人航天工程的内部报告[M].北京:华艺出版社,2003:71.

[13] CCTV-13新闻频道. 神舟九号与天宫一号首次手控交会对接成功[EB/OL]. (2012-06-24). http://news. cntv. cn/china/20120624/102394. shtml.

[14] 证券时报网.神舟十号今发射 “神十”将绕飞“天宫”[EB/OL]. (2013-06-11). http://kuaixun. stcn. com/2013/0611/10531635. shtml.

[15] 中国载人航天办公室. 天宫学堂开课 首次太空授课正式开始[EB/OL]. (2013-06-20). http://www. cmse. gov. cn/activities/show. php?itemid=40.

[16] CCTV-13新闻频道.神舟十号航天员踏出返回舱[EB/OL]. (2013-06-26). http://news.cntv.cn/special/spj/videolive 01.

[17] 商西. 今12时许拟手控对接[N]. 京华时报,2012-06-24(2).

[18] 李显峰.九天之约·人物[N]. 京华时报,2012-06-16(7).

[19] 专访实录:中国载人航天工程总设计师"解密"中国空间站和天宫二号[EB/OL].(2016-03-09).http://www.cmse.gov.cn/news/show.php?itemid=5238.

[20] 中国载人航天工程办公室. 我国载人航天工程空间实验室任务将于今年实施,天宫二号和搭乘2名航天员的神舟十一号飞船今年下半年发射[EB/OL]. (2016-02-28).http://www.cmse.gov.cn/news/show.php?itemid=5217.

[21] 新华社. 张育林:中国将发射多用途光学舱 与天宫空间站共轨[EB/OL]. (2016-03-08).http://www.cmse.gov.cn/news/show.php?itemid=5236.

第九章
集运载器和航天器为一体的
可部分重复使用的航天飞机

　　航天飞机是一种垂直起飞、靠机翼产生升力滑翔水平着陆、可部分重复使用的载人航天器，它也是一种多用途、兼具航空和航天特性的飞行器。航天飞机由美国率先研制并投入使用，航天飞机为航天技术的发展和更加广泛的应用发挥了重要的作用。

1　美国的航天飞机是怎么发展起来的

　　20世纪20年代至30年代产生了航天运载器的两类基本设想。一类是一次性使用的运载火箭，另一类是能重复使用的火箭发动机推进的带翼的飞机。前一类的难度较小，特别是可以将远程弹道导弹改造为航天运载火箭，用来发射卫星和飞船，在20世纪50年代至60年代得到了迅速的发展。后一类的难度较大，需要做广泛深入的探讨，还需要有坚实的工业基础。1938年至1942年，维也纳工程师森格尔曾绘制过火箭助推的环球轰炸机草图。1949年，钱学森博士提出了用火箭助推的滑翔机作为洲际旅客的运输火箭的设想。1958年，美国开始研制三角翼动力滑翔机"戴纳–索尔"，它用大力神号运载火箭发射，滑翔再入大气层，水平着陆。1963年，美国取消了"戴纳–索尔"计划。后来，又进行了一系列的升力体机身飞行器的研究以及航天飞机方案的初步探索。1972年1月，美国确定了美国航天飞机的方案。20世纪70年代至80年代，苏联、法国、日本等国也开始探索或着手研制航天飞机。1981年4月12日，世界上第一架航天飞机，即美国的哥伦比亚号航天飞机试飞成功。1982年11月，航天飞机开始首次商业性飞行。随后，挑战者号、发现号、亚特兰蒂斯号和奋进号航天飞机也相继于1983年4月、1984年8月、1985年10月和1992年5月投入使用。截至2005年4月，五架航天飞机共进行113次飞行，累计飞行天数为1 032天，携带航天员和旅客696人次，完成88次舱外活动，运载并发射61颗卫星，分别与和平号空间站对接9次，与国际空间站对接16次。2011年7月美国航天飞机全部退役。

2 哥伦比亚号航天飞机的特点

2.1 航天飞机的组成

哥伦比亚号航天飞机是世界上第一次成功实现近地轨道飞行的美国航天飞机。1981年4月12日首次试飞，在轨道上运行54 h后安全着陆。到2003年2月，该航天飞机总运营时间接近22年，完成28次飞行任务，共运载航天员160人次，航天员完成7次舱外活动，共在轨发射了8颗卫星。2003年2月1日，在返回阶段再入大气层过程中哥伦比亚号航天飞机解体，机上7名航天员遇难。

哥伦比亚号航天飞机由一个轨道器、一

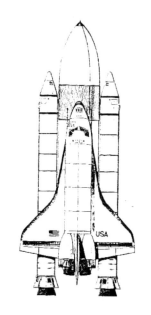

图9-1 哥伦比亚号航天飞机的组成

个外贮箱和两个固体火箭发动机的助推器组成（见图9-1）。

2.2 轨道器

轨道器是航天飞机最复杂的组成部分，设计要求可使用100次左右。外形上是一个带三角翼的飞机，内部结构类似一般飞机的结构形式（见图9-2）。

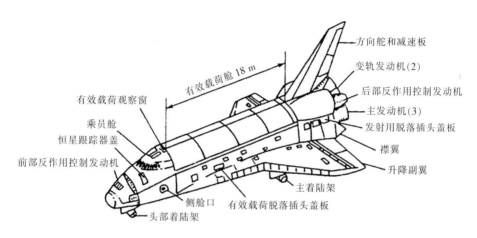

图9-2 航天飞机轨道器外形

轨道器长37.2 m，翼展23.8 m，高17.3 m。轨道器净重约68 t，允许最大着陆质量为84.3 t。机身前部是乘员舱，可乘坐3~7人，在轨道上持续工作7~30天，环境控制和生命保障系统保证该舱内温度在18.5~24.0 ℃之间，提供由氧气和氮气组成的1个大气压的舱内环境，乘员舱的前方有供驾驶员向机外观看的观测窗，如图9-3所示。乘员舱内还装有制导、导航和控制系统、数据处理和软件系统、跟踪和测量系统、监测和显示系统、电源配电

图9-3 航天飞机轨道器头部和乘员舱外形

系统等的主要设备。

航天飞机轨道器的中段有一个长18.3 m、宽4.6 m的货舱，用于从地面将待发射的卫星和空间站部件等送入轨道，并可将回收的部件带回地面。欧洲空间局的空间实验室就是装在货舱送入轨道并运回地面的，为了便于在轨道舱上装卸载荷，航天飞机轨道器的货舱内配置有机械臂。机械臂有上臂和下臂，具有肩、肘、腕3组关节，其中肩部有2个自由度，肘部有1个自由度，腕部有3个自由度，腕下边是抓取载荷的作动器。机械臂总长15 m、质量为408 kg，由航天员在乘员舱中进行遥控操作，在太空中可搬运近30 t的载荷，将卫星释放到太空，或捕获太空卫星进入货舱。轨道器货舱的在轨开启状态如图9-4所示。

图9-4 发现者号航天飞机轨道器的货舱在轨开启状态图像(货舱下部白色杆状物为机械臂)

乘员舱与货舱之间有一个气闸舱，航天员通过气闸舱可以出舱，进行舱外作业。

轨道器的动力系统主要安装在轨道器的尾部，如图9-5所示。动力系统包括3台采用液氢和液氧为推进剂的主发动机、2台采用肼和四氧化二

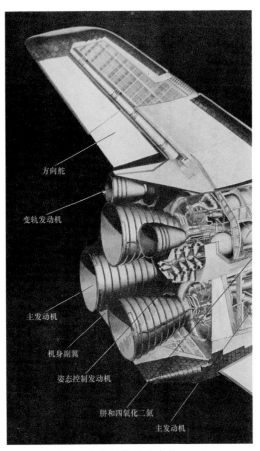

方向舵

变轨发动机

主发动机

机身副翼

姿态控制发动机

肼和四氧化二氮

主发动机

图9-5 轨道器尾部的布局

氢为推进剂的变轨发动机和40多台姿态控制用的小发动机。主发动机每台真空额定推力为2 090 kN，真空比冲455 s，推力可在额定推力的50%~100%范围内调节，用以控制上升段的过载小于3g。每次飞行工作约8 min，要求使用50次以上。变轨发动机单台真空推力为27 kN。

2.3 外贮箱

外贮箱是航天飞机最大的部件，也是不可重复使用的部件，用于贮存液氧、液氢推进剂并向轨道器的主发动机输送推进剂。它连接轨道器和固体助推器，从结构、气动和载荷上构成航天飞机起飞时的最佳构型。外贮箱由液氧箱、液氢箱和箱间段组成，总长41.7 m，直径8.38 m，净重33.5 t，加注推进剂后质量约740 t。外贮箱由铝合金制成，外表面敷有泡沫和软木隔热层，以防止在待发段和上升段液氧和液氢的过分挥发。外贮箱的构型可参看图9-1轨道器下方的中间部分，或图9-6中的土黄色部分。

2.4 固体助推器

图9-6　航天飞机在发射台上(侧视图)

固体助推器是固体火箭发动机助推器的简称，它为航天飞机垂直起飞的初始阶段提供约74%的推力，要求可使用20次以上。两个固体助推器的初始总推力达24 000 kN，总工作时间为117 s。点火后55 s推力可降低33%，以保证航天飞机的上升段的过载不超过3g。每个固体助推器长45.5 m，直径3.7 m，质量约566 t，地面比推力243 s，真空比推力276 s。先分段浇铸，然后对接装配在一起。在前锥段里装有降落伞系统，用于固体助推器工作完毕后在海上回收。固体助推器的外形可参见图9-1中的航天飞机的两侧部分或图9-6的外贮箱（土黄色）的前面的部分（白色的圆锥加圆柱）。

3 美国航天飞机工程与航天飞机的发射和飞行过程

美国航天飞机工程是美国国家航天局组织实施的世界上第一个多次使用的大型航天器的工程。主要内容包括：研制航天飞机系统，选择并建设发射场和着陆场，确定固体助推器的回收方案，建设固体助推器的修复设施，改造和扩建测控系统，选拔和培训航天飞机乘组，开展航天飞机的商业飞行等。

美国航天飞机的发射和飞行过程如图9-7所示。

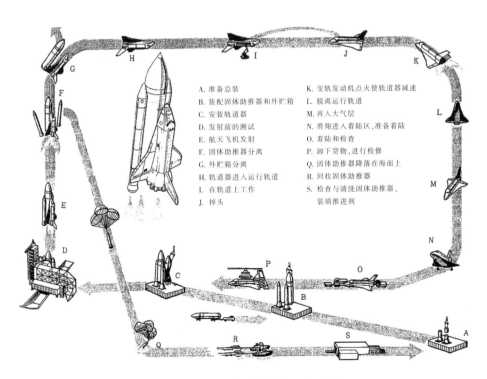

A. 准备总装
B. 装配固体助推器和外贮箱
C. 安装轨道器
D. 发射前的测试
E. 航天飞机发射
F. 固体助推器分离
G. 外贮箱分离
H. 轨道器进入运行轨道
I. 在轨道上工作
J. 掉头

K. 变轨发动机点火使轨道器减速
L. 脱离运行轨道
M. 再入大气层
N. 滑翔进入着陆区，准备着陆
O. 着陆和检查
P. 卸下货物，进行检修
Q. 固体助推器降落在海面上
R. 回收固体助推器
S. 检查与清洗固体助推器，装填推进剂

图9-7 美国航天飞机的发射和飞行过程

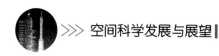

现对图9-7所示的美国航天飞机的发射和飞行过程说明如下（以下的A，B，…，S与图9-7的相应英文字母标注项相对应）：

A. 准备总装：在发射前美国的航天飞机的四个部件（轨道器、外贮箱和两个固体助推器）运送至肯尼迪航天中心，准备在该中心的垂直总装厂房中进行整体装配和测试。

B. 装配固体助推器和外贮箱：在垂直总装厂房的活动发射平台上，首先要将两个固体火箭和外贮箱装配在一起。

C. 安装轨道器：将轨道器与外贮箱和两个固体助推器进行垂直装配和测试（见图9-8），然后用驮运航天飞机和活动发射平台的履带式运输车，通过垂直厂房和发射塔之间的专用公路，将航天飞机和活动发射平台运送到发射区（见图9-9）。

图9-8　垂直吊装航天飞机轨道器　　　图9-9　运输航天飞机和活动发射平台的履带式运输车

D. 发射前的测试：航天飞机及活动发射平台运送到发射区的勤务塔旁，在勤务塔（由固定勤务塔和旋转勤务塔组成，见图9-10）的支持下，进行发射前的各项准备工作。活动发射台在发射区的任务是支撑航天飞机，在其上进行推进剂加注、射前检查、点火和起飞。固定勤务塔上，设有12层工作平台，安装在固定勤务塔上的3个摆臂可以为发射工位上的航天飞机提供服务通道。在固定勤务塔的一侧建有旋转勤务塔，其铰链架设在发射台台面上并与固定勤务塔连接。旋转勤务塔依靠电机驱动轮子可以沿着环形轨道在半径为36.6 m的圆弧上旋转120°。旋转勤务塔主要用于提供进入轨道器的通道，并以垂直方式进行有效载荷的安装和操作，以及对轨道器其他系统进行操作。

图9-10　勤务塔、活动发射平台与航天飞机

　　航天飞机经测试检查合格后，实施加注推进剂。

　　E. 航天飞机发射

　　发射时轨道器的三个主发动机先点火，然后两个固体助推器点火，航天飞机垂直起飞，按预定的飞行程序上升。

　　F. 固体助推器分离

　　固体助推器工作约2 min后关机并分离，此时飞行高度约为45 km。

　　G. 外贮箱分离

　　三台主发动机继续推进轨道器和外贮箱的组合体。起飞后8 min，主发动机关机，外贮箱与轨道舱分离，此时飞行高度约为109 km，速度约为7 470 m/s，外贮箱分离后在坠入大气层的过程中烧毁。

　　H. 轨道器进入运行轨道

　　外贮箱分离后，轨道机动发动机系统（又称变轨发动机系统）点火，用较小的推力把轨道器精确地送入预定的近地轨道。轨道参数随任务的不同而异，轨道高度通常在185~1 100 km之间，轨道倾角在28.5°~105°之间，最大有效载荷为29.5 t。

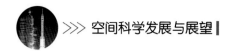

I. 在轨道上工作

轨道器可在近地轨道上运行3~30天，执行各种航天任务。

J. 掉头

航天飞机轨道器完成在轨任务后，开始返回。返回前，首先掉头，即将轨道器由头部朝前飞的姿态变为尾部朝前飞的姿态。

K. 变轨发动机点火使轨道器减速

由变轨发动机点火工作，使轨道器减速。

L. 脱离运行轨道

变轨发动机工作后，轨道器脱离了绕地的运行轨道，并沿一个指向地球大气层的轨迹下降。

M. 再入大气层

航天飞机轨道器下降至100 km的高度，再入地球的稠密大气层，在再入大气层后，轨道器按大攻角姿态飞行，以增加气动阻力、进行着陆点与最大再入过载和气动加热的控制。飞行攻角随飞行速度下降而逐渐减小。

N.滑翔进入着陆区，准备着陆

最后，轨道器进入亚声速滑翔飞行状态，在导航系统的引导下寻找机场和准备着陆（见图9-11）。

图9-11　航天飞机轨道器准备着陆

O. 着陆和检查

航天飞机在预定的着陆场着陆，着陆速度为340~365 km/h，需要跑道长度为3 000 m。轨道器着陆后，首先要进行安全处理，然后维修、装填和测试检查，以备下一次飞行时使用。

P. 卸下货物，进行检修

Q. 固体助推器降落在海面上

固体助推器分离后靠降落伞悬吊，落在海面上。

R. 回收固体助推器

固体助推器落在海面上后，由回收船回收。

S. 检查与清洗固体助推器，装填推进剂

将回收船回收的固体助推器送至工厂，检查与清洗固体助推器，装填固体推进剂，供下次发射时再用。

4 航天飞机轨道器为什么能够做到再入过载小、着陆地点准确

航天飞机轨道器的再入过载（再入大气层中的作用在轨道器上的空气动力除以轨道器的质量）很小，不大于3g，而且着陆地点很准确，可以降落在固定的航天飞机轨道器着陆场的跑道上。那么，航天飞机轨道器为什么能达到这一要求呢？

这是因为航天飞机轨道器采用了有翼的外形，其升阻比（即轨道器在同一时刻产生的升力与阻力之比）可达1.0~2.5（而半弹道式再入航天器，如联盟号飞船返回舱，其升阻比仅为0.3），从而可以实现像飞机那样水平着陆。

美国航天飞机轨道器的返回轨道是升力式再入的返回轨道。它具有以下三个特点：

（1）再入过载小。由于在同样高度上在较大总攻角状态下有翼再入航天器比半弹道式再入的航天器具有更大的阻重比（即航天器的返回部分所受的气动阻力和其所受的重力之比），因此在进入大气层后在较高的高度

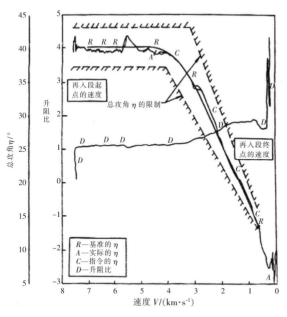

图9-12 美国航天飞机轨道器典型的总攻角-速度
曲线图与升阻比-速度曲线图

上，采用较大总攻角的有翼再入航天器比半弹道式再入航天器的速度要下降得快，因此到过载峰值区有翼再入航天器的速度已大大降低，同时，由于其总攻角可事先调整，在过载峰值附近可以采用中等总攻角（见图9-12），因此可以大大降低过载峰值，为航天员创造了更为良好的再入环境。

·●·相关链接·●·

什么是总攻角

总攻角 η 是指航天器的纵轴 OX 与飞行速度 V 的夹角，如图9-13所示，其中 O 是航天器的质心，OX 轴从质心指向航天器头部的方向。

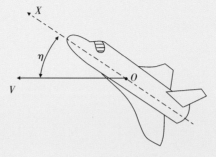

图9-13 总攻角 η 的定义

（2）机动范围大。由于有翼再入航天器比半弹道式再入航天器有更大的升阻比，有更长的在大气层内运动的时间，因此，有翼再入航天器的机动范围可达1 000多千米至数千千米。

（3）着陆精度高。由于有翼再入航天器比半弹道式再入航天器具有更多的控制手段，尤其是在返回轨道的着陆段，因此，有翼再入航天器的返回轨道特别是着陆段轨道，可以相当精确地控制，实现在着陆场的跑道上水平着陆，从而为重复使用创造了良好条件，有翼再入航天器滑翔机动着陆过程如图9-14所示。

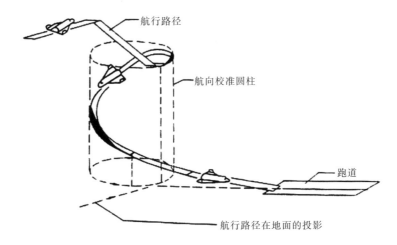

图9-14　有翼再入航天器滑翔机动着陆过程

我们从电视上、杂志上和互联网上可以见到美国航天飞机的轨道器，它的表面覆盖着黑一块白一块的"盔甲"，这些就是航天飞机轨道器的防热瓦或防热毡（见图9-15）。轨道器再入过程采取了辐射防热形式。

航天飞机轨道器的机身采用铝合金结构，它的最高设计温度是175 ℃。根据再入过程中机身各处的加热环境，防热结构采用了以下四种不同类型的防热瓦或防热毡。

（1）碳纤维增强复合材料，主要用在机身的鼻锥帽、机翼前缘的防热瓦。使用的表面积约38 m²，总质量约1 698 kg，使用处表面最高温度可达1 260~1 650℃，表面呈黑色。

（2）高温可重复使用表面隔热材料，俗称高温防热瓦。这种防热瓦用在温度为

图9-15　覆盖在航天飞机轨道器上的不同颜色的防热瓦及防热毡

648~1 260℃的表面，如机身中、前段和机翼的下表面，是除鼻锥帽和机翼前缘外的最高热流区。航天飞机再入时，以40°的总攻角飞行，所以机身和机翼的下表面为迎风面，热流较大。防热瓦每块尺寸为长、宽各152.4 mm，厚度依各处热流水平的不同而异，为19.5~64 mm，总共2万余块，覆盖面积达480 m²，总质量达4 413 kg，由于表面经涂层处理，故呈灰黑色。

（3）低温可重复使用表面隔热材料，俗称低温防热瓦。这种防热瓦用在表面温度为371~648 ℃的表面，如机身前、中段和机翼的上表面。这些部位由于在再入过程处在背风面，所以表面温度不高。防热瓦每块尺寸的长、宽均为203 mm，厚度随各处热流水平而变化。一共用了7 000块，覆盖面积255 m²，总质量1 014 kg，经涂层处理后表面呈白色。

（4）柔性可重复使用表面隔热材料。这种隔热材料是一种硅橡胶浸渍的芳香族聚酰胺毡，用在表面温度为371 ℃以下的部位，包括机身后段的上表面、机翼后部的上表面以及机身的两侧。每块的典型尺寸为长1 200 mm、宽900 mm、厚度4.8~16 mm，使用面积333 m²，总质量约532 kg。由于它是一种柔性的毡状物，所以像一床床棉被似的用常温固化硅橡胶粘贴在相应

的结构上。

图9-16为五种防热材料在航天飞机轨道器上的分布。

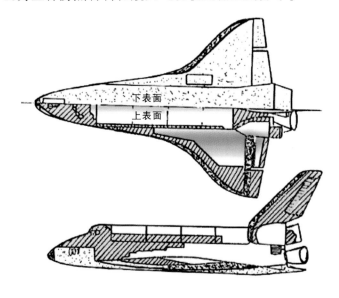

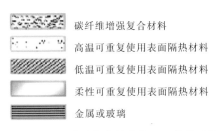

碳纤维增强复合材料

高温可重复使用表面隔热材料

低温可重复使用表面隔热材料

柔性可重复使用表面隔热材料

金属或玻璃

图9-16　五种防热材料在航天飞机轨道器上的分布

以上几种防热瓦的主要成分是疏松、轻质而呈脆性的陶瓷材料，如高温防热瓦密度仅为0.14~0.35 g/cm³。由于其耐高温、隔热好、质量轻，高温下不发生物理和化学性能的破坏，可重复使用，所以，用作航天飞机轨道器防热材料有其独特的优点。但是，为了防止它们受力后被破坏，如何连接难度很大。首先，防热瓦脆而疏松，不可能用机械的方法将其与结构本体连接，需要用一种胶层来连接；其次，防热瓦和铝合金的膨胀系数差别很大，再入过程中，两者有数百甚至上千摄氏度的温度差，所以在防热瓦之间必须留有合适的伸缩缝，连接层也需具有较大的弹性，以协调防热

瓦和结构间的变形差距。这种连接方式虽然解决了防热瓦脆性破坏的难题，却留下了防热瓦容易脱落的隐患。航天飞机轨道器下表面的高温防热瓦的装配，如图9-17所示。航天飞机轨道器返回地面后的防热瓦的破损情况，如图9-18所示。

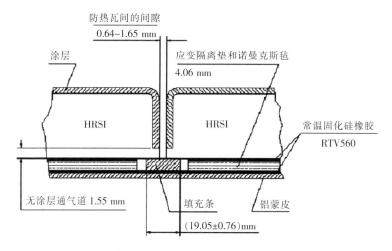

图9-17　航天飞机轨道器下表面高温防热瓦装配

图9-18　航天飞机轨道器返回地面后的防热瓦的破损情况

6 防热失效导致哥伦比亚号航天飞机失事

2003年2月1日，美国哥伦比亚号航天飞机在返回地面过程中解体，机上7名航天员全部遇难，成为17年前挑战者号航天飞机失事以来最大的一次航天事故。

美国航空航天局立即成立了哥伦比亚号事故调查委员会，成员包括诺贝尔奖获得者、美国斯坦福大学的道格拉斯·奥谢罗夫教授等多位权威专家。调查委员会工作了数月，对整个飞行数据进行了详细的分析，查明了事故的原因。

根据航天飞机设计指标和多次飞行的实测数据，航天飞机在整个再入过程中，铝结构平均每分钟温升约1.2 ℃，但哥伦比亚号显示的数据却十分异常；再入第2 s时，航天飞机到达102 km高度，一般认为该处为气动加热开始阶段，此时尚看不出异常；第8 s时，虽然未进入高加热阶段，但温度传感器已发现左机翼起落架温度异常升高，到第10 s时左机翼温度已上升了15 ℃；第13 s时，休斯敦任务控制中心失去温度传感器数据，根据机翼铝结构的最高设计温度为175 ℃推断，所用传感器量程不应在200 ℃以上，此现象说明结构温度已达175 ℃以上；第15 s时哥伦比亚号在61 km高度，机长里克·赫斯本德与地面做了最后一次应答，便在一片噪声中失去联系，紧接着目击者和雷达发现哥伦比亚号解体为无数碎片。从以上数据不难看出，是左机翼上的防热瓦失效导致了航天飞机轨道器的最终解体。

那么，左机翼上的防热瓦为何会失效呢？这使人想起航天飞机起飞时曾发生过的一幕：它的左机翼前缘遭受外贮箱上脱落的一块泡沫塑料的撞击。根据起飞时的摄像记录（摄像机当时与航天飞机相距40 km），起飞后57 s从外贮箱上脱落了一块泡沫塑料，该泡沫塑料块约为0.76 kg，长度不

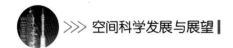

大于1 m，厚6 mm，以20°攻角、700 m/s的速度撞击了左机翼前缘。同时，根据记录，当时的噪声水平高于正常值。

这样一次当时被认为无关紧要的"轻微"撞击，是否就是破坏防热瓦的罪魁祸首呢？事故调查委员会用地面试验复现了防热瓦被撞坏并最终导致机毁人亡的全过程。

按照上述起飞时撞击过程的参数（如泡沫塑料块的大小、撞击速度和角度等），以备用的航天飞机机翼作试验件，果然机翼前缘被撞出约25 cm² 的孔洞。再用等离子加热高温气流模拟再入气动热。试验结果表明，防热瓦很快从被撞坏处烧毁。机翼前缘防热瓦是一种碳纤维增强复合材料，破坏的过程是：材料基体碳首先破坏，然后碳纤维松散，最后整个部件破坏。地面试验完全复现了防热瓦被撞坏并导致防热失效的全过程。

事故调查委员会还进一步调查了泡沫塑料块脱落的原因。这里简要介绍一下泡沫塑料存在的必要性和它的隐患。

航天飞机在发射时，中间最大圆柱部分就是外贮箱，由液氧箱、液氢箱和箱间段组成。外贮箱主要给航天飞机上的主发动机提供推进剂，航天飞机入轨前，外贮箱推进剂耗尽，箱体与航天飞机解锁自行降落，再入大气层时烧毁。

由于外贮箱内存放的是液氢、液氧。液氢、液氧存放的温度应分别低于-253 ℃和-183 ℃。箱内温度升高，会使液氢、液氧汽化，使贮箱内压增大而破坏贮箱。所以贮箱外要包覆一层绝热性极好的泡沫绝热材料。这层绝热材料一方面保持箱内低温，另一方面也使箱外表面温度不会过低，防止大气中的湿气在贮箱表面结冰。绝热泡沫材料脱落的主要原因在于它与贮箱的连接方式。这层绝热材料与贮箱外表面用胶层黏接，实际工程实施中，这么大面积的胶接面很难避免个别胶层内存在气泡的现象，航天飞机发射后，在上升段逐步加速加程中，高速气流与表面的摩擦会使这层绝热材料温度升高，胶层内残留的气体因温度升高而膨胀，导致泡沫绝热层局部脱落。事故分析还确认了当时脱落的泡沫绝热材料正是位于外贮箱发射段表面温度较高的部位。

既然发射段贮箱外表面温度升高和胶层内的气泡都难以避免，泡沫绝热层的脱落问题也就难以杜绝。事实上，2003年哥伦比亚号失事后公布的一个报道说，美国一个研究小组跟踪了10年航天飞机防热瓦的损伤记录，结果表明，航天飞机每次飞行后都有多处防热瓦损伤，平均损伤部位达25处。

虽然找到了哥伦比亚号航天飞机失事是因航天飞机发射的上升段外贮箱的泡沫绝热层局部脱落，撞击轨道器而造成的，但是在不彻底改变设计的情况下，无法彻底消除这一隐患。为此，美国采取了以下权宜之计，即在航天飞机的上升段增加地面对外贮箱及轨道器的光学观测，一旦发现外贮箱的泡沫绝热层脱落且撞击了轨道器，则必须对撞击的程度和后果进行评估。如果撞击程度不会导致轨道器再入大气层中防热失效，则可正常返回；如果发现撞击程度严重，可能导致轨道器再入大气层过程中失事，则这架轨道器不可乘坐乘员返回地面，可另外发射一艘航天飞机，接替这艘航天飞机，承担航天员从国际空间站上返回地面的任务。

7 从美国航天飞机的发展历程得到的启示

为了降低成本、增大运载能力、提高乘员的安全性和舒适性，1969年4月，美国航空航天局提出了建造一种可重复使用的航天运载工具的计划，确定了航天飞机的设计方案，即由两个可重复使用的固体助推器、一个外

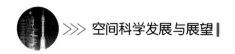

挂推进剂贮箱和可重复使用的轨道器三个部分组成。

1981年4月12日，美国发射了世界上第一架航天飞机哥伦比亚号（见图9-1）。之后，又有四架航天飞机投入运营，包括挑战者号、发现号、亚特兰蒂斯号和奋进号。五架航天飞机在30年的时间里，共发射了135架次。2011年7月8日是亚特兰蒂斯号航天飞机（也是美国全部航天飞机在役的最后一架）的最后一次发射，完成飞行任务后，于7月21日在肯尼迪航天中心安全着陆，结束了其谢幕之旅，意味着美国航天飞机时代的结束。

美国航空航天局在制定航天飞机飞行计划时，预想有五个优越性，包括发射便宜、功能强大、更加安全、乘坐舒适和发射周期短。30年来的实践证明，航天飞机实现了两个优越性，即功能强大和乘坐舒适。其他三项正好相反，即发射费用十分昂贵、发射周期很长和并不安全。现分述如下：

（1）功能强大。美国航天飞机运载能力较大，每次可将质量为28 t的卫星送入近地轨道或将7名航天员及28 t货物送到国际空间站。

美国航天飞机用途较多。它可以发射卫星和欧洲的空间实验室，又可以捕获卫星，实现在轨维修后再次送入太空，或捕获卫星后将卫星送回地面修理，然后再次发射；它本身可携带有效载荷舱，在太空中进行空间科学实验及空间技术试验；它可以作为天地往返运输系统，向国际空间站运送人员和物资，并将国际空间站上的人员和物资等送回地面；它可以将空间站舱段和大型构件（如太阳电池阵、桁架等）送往国际空间站，对国际空间站的建成起到了重要的作用。

（2）乘坐舒适。乘坐美国航天飞机要比乘坐载人飞船舒适。美国航天飞机在上升段主发动机的推力可在额定推力的50%~100%范围内变化，从而在上升段的过载小于3g，而载人飞船的运载火箭各级的发动机推力一般是恒定的，因此在各级发动机主机关机时产生的过载较大，可达4g~5g。

美国航天飞机轨道器是升力式再入航天器，可将再入大气层过程中的最大过载降至2.5g以下。而载人飞船即使采用半弹道式再入，再入大气层过程中的最大过载也要达到3g~4g。

在着陆过程中，航天飞机轨道器采用在跑道上水平着陆的方式，因此着陆冲击较小；载人飞船返回舱采用降落伞（在陆地着陆时还要采用着陆反推发动机）垂直着陆，因此着陆冲击较大。

（3）发射费用十分昂贵。美国航天飞机最初是作为发射航天器入轨的重复使用的运载器而研制和发展的。在20世纪70年代后期，美国认为这种重复使用的运载器可以把航天器的发射费用从每千克20 000美元减少到每千克2 000美元。实际上，根本没有达到这个目标，每次仅发射费用就达到4亿~5亿美元，主要是轨道器返回地面以后要进行大量的维修（含修复损坏的防热结构）。

（4）发射周期很长。由于轨道器飞行后要进行大量的维修，维修工作量大，一架航天飞机每年最多只能发射5~6次，即相邻两次飞行的时间间隔至少要2个月。实际上，按五架航天飞机30年内发射135次计，平均每架航天飞机10年内仅飞行9次。

（5）并不安全。在美国航天飞机30年的运营中，五架航天飞机失事了两架。1986年1月28日挑战者号航天飞机在上升段发生爆炸，七名航天员牺牲；2003年2月1日哥伦比亚号航天飞机在返回地面过程中解体，七名航天员牺牲。

虽然，航天飞机退出了历史舞台，但它在发射卫星、太空维修，特别是建造和运营国际空间站方面做出了巨大贡献，创造了许多航天新纪录，成为世界航天史上一座重要的里程碑。

航天飞机是航天技术的一个创举，其经验和教训是人类继续发展航天技术的宝贵财富，它所使用的很多先进技术在未来还将发挥重要的作用。

参 考 文 献

[1] 王兆耀.中国军事百科全书·军事航天技术[M].2版.北京:中国大百科全书出版社,2008:306-310.

[2] 中国大百科全书出版社编辑部.中国大百科全书·航空航天[M].北京:中国大百科全书出版社,1985:68,162-163,220-222,381-382.

[3] 李颐黎.航天器的返回轨道与进入轨道设计[M]//王希季.航天器进入与返回技术.北京:宇航出版社,1991:128-141.

[4] 戚发轫,李颐黎.巡天神舟——揭秘载人航天器[M].北京:中国宇航出版社,2011:63-68.

[5] 王希季.王希季院士文集[M].北京:中国宇航出版社,2006:109,227.

[6] 周凤广,徐克俊.戈壁天港——走进载人航天发射场[M].北京:中国宇航出版社,2011:148-154.

[7] 胡其正,杨芳.宇航概论[M].北京:中国科学技术出版社,2010:379-380.

[8] 钱振业,董世杰,李颐黎,等.中国载人航天技术发展途径研究与多用途飞船概念研究文集(1986年至1991年)[M].北京:中国宇航出版社,2013:11.

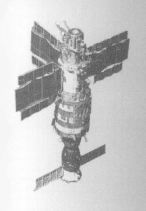

第十章

世界上首批空间站——
礼炮号空间站与天空实验室号空间站

空间站是可供航天员生活或工作，能长期在轨运行的载人航天器。空间站又称作太空站或航天站。目前已发射的空间站都是围绕地球运行的航天器。1971年苏联发射了世界上第一个空间站——礼炮1号空间站，1973年美国发射了天空实验室号空间站，1983年11月28日，欧洲空间局的空间实验室号空间站（见图10-1）随美国哥伦比亚号航天飞机进入运行轨道，进行了70多项空间实验后，于同年12月8日返回地面。

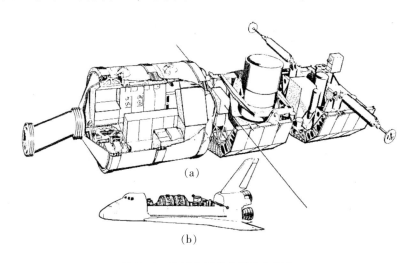

(a)

(b)

图10-1　欧洲空间实验室号空间站

(a)空间实验室号空间站

(b)空间实验室号空间站装载在航天飞机轨道器的货舱内

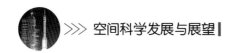

空间站在科学研究、国民经济和军事上都有重大的价值。空间站的用途如下：

（1）天文观测。在空间站上进行天文观测，飞行高度高，观测时间长，没有大气影响，航天员可以直接操纵仪器。

（2）勘测地球资源，包括发现矿藏、海洋资源、森林资源和水利资源等。

（3）医学与生物学研究，包括完成有人参与的生物学和医学实验，寻找治疗某些疾病的新方法，试制新的药品和试剂。

（4）发展新工艺、新技术。利用太空高真空、高纯净和微重力的特殊环境制取新型合金和超纯材料，制造高级玻璃，获得大晶体和掺杂高度均匀的半导体材料，进行晶体生长和材料焊接试验等。

（5）大地测量、军事侦察以及试验或发射航天武器或航天器等。

（6）为人们在空间长期居住、开展航天活动和开发太空资源提供场所。

空间站分为单模块空间站、多模块组合空间站和一体化组合空间站三种。

单模块空间站是指由运载火箭或航天飞机一次发射入轨即可运行的空间站，如苏联的礼炮号空间站、美国的天空实验室号空间站和欧洲的空间实验室号空间站。单模块空间站一般并不长期连续住人，而是间断的短期有人照料的空间设施。

多模块组合空间站是指由运载火箭或航天飞机每次发射一个空间站的模块入轨，并在轨道上，将多个模块组合而成的空间站，如苏联的和平号空间站。

一体化组合空间站是指全站具有统一的服务设施，集中供电、供气、散热，统一的姿态控制系统，使每个组成的模块功能单一化的大型多模块组合的空间站，如国际空间站。

1 礼炮号空间站的特点

礼炮号空间站是苏联的第一个单模块的空间站系列，它们的任务是完成天体物理学、航天医学、航天生物学等方面广泛的科研计划，考察地球自然资源和进行长期失重条件下的技术试验，以及对地观测和军事侦察。

苏联于20世纪60年代开始空间站的方案研究，礼炮号空间站源于1964年提出的钻石（Almaz）军用空间站计划和1970年提出的道斯（DOS）民用空间站计划。礼炮号空间站为整体一次发射入轨的单模块空间站。

1971年至1982年，苏联先后发射了7个礼炮号空间站。按用途划分，礼炮2号、3号、5号为军用空间站，又称钻石号载人空间站，主要携带大型光学望远镜、大幅面照相机等军事侦察设备和返回地面的胶卷舱。礼炮1号、4号、6号和7号为民用空间站，但也兼作一些军事试验。按技术先进程度划分，礼炮1号、2号、3号、4号、5号为第一代，空间站上只有一个对接口，只能与一艘联盟号载人飞船对接；礼炮6号、7号为第二代，有两个对接口，可同时与联盟号（或联盟T号）载人飞船及进步号货船对接。

2 礼炮1号空间站的概况与组成

礼炮1号空间站总质量为18.425 t，最大直径为4.15 m。1971年4月19日发射入轨，轨道参数为近地点高度200 km、远地点高度222 km、轨道倾角51.6°，礼炮1号空间站是世界上第一个空间站。

礼炮1号空间站由对接舱、轨道舱和服务舱三个部分组成，如图10-2所示。对接舱有一个供联盟号载人飞船对接的舱口，航天员由此舱口进出空间站。轨道舱由直径各为3 m和4 m的两个圆筒组成，它是航天员工作、进餐、休息和睡眠的场所，舱内保持1个大气压和氧氮混合气体。服务舱

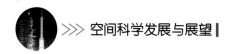

内安装变轨发动机和推进剂等。对接舱上和服务舱上各安装一对太阳电池阵。

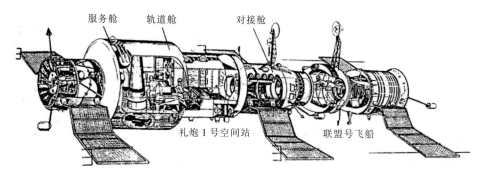

图10-2　礼炮1号空间站与联盟号飞船对接构型

3 礼炮1号空间站运行期间出现过哪些重大故障和事故

礼炮1号空间站在太空运行了175天，相继与联盟10号、联盟11号两艘飞船对接组成轨道联合体，完成任务后于1971年10月11日在太平洋上空进入大气层后被烧毁。联盟11号三名航天员在礼炮1号上停留的最长时间为24天。但在礼炮1号空间站运行期间出现了一次重大的故障和一次重大的事故。

重大的故障出现在联盟10号飞船与礼炮1号空间站的对接中。事情的经过是这样的：

1971年4月23日，载有空间站乘员组的联盟10号飞船发射升空，准备与礼炮1号空间站交会对接，这是苏联第一个空间站入轨后进行的首次交会对接。联盟10号飞船入轨后，进行了3次变轨，礼炮1号空间站也进行了姿态调整，使对接口保持与联盟10号飞船对接的方向。自动交会对接系统使联盟10号飞船飞到距离礼炮1号空间站100 m处，然后航天员利用手动控制进行飞船与空间站的对接，如图10-3所示。4月25日对接完成以后，空间站乘员组没能进入空间站，维持对接状态5.5 h后，飞船与空间站分离，返回地面。

联盟10号上的空间站乘员组没有进入空间站的原因有两个说法：一是空间站的舱门打不开，空间站乘员组无法进入空间站；二是，有报道说，对接机构未完全密封，即使舱门打开，未穿航天服的空间站乘员组也无法进入空间站。

图10-3　礼炮1号空间站与联盟10号飞船轨道交会

重大事故发生在联盟11号返回过程中，三名航天员因返回舱失压而殉职。事情的经过是这样的：

联盟11号载人飞船于1971年6月5日发射升空，成功入轨，6月7日与礼炮1号空间站成功对接，三名航天员成功进入空间站，他们在空间站上工作了23天18小时后，乘坐停靠在礼炮1号上的联盟号飞船返回地面，4个多小时后，飞船返回舱进入大气层，在预定高度，成功打开了降落伞并于指定地点着陆。但是，当地面回收人员打开返回舱舱门时，发现三名航天员均已殉职。

事故分析报告表明，飞船返回舱上设有一个平衡阀，按照设计，该平衡阀应该在返回舱下降到低空、舱外大气压达到一定值才开启，用以平衡返回舱内外压力。但联盟号飞船返回舱与轨道舱分离时，由于瞬间的冲击振动，导致平衡阀提前开启，这时舱外大气压接近于零，返回舱内的气体很快通过该阀门泄漏出去。航天员处于这种近于"爆炸减压"的情况下，在很短的时间内就失去了生命。如果航天员当时穿着

图10-4　礼炮1号与联盟11号复合体在轨飞行

舱内航天服的话，悲剧是可以避免的。遗憾的是联盟11号飞船原设计为两名乘员，增加一名乘员后，舱内空间显得格外拥挤，为此有关部门做出了航天员不着舱内航天服返回的冒险决定。事实是无情的，这个错误的决定使三名航天员付出了生命，苏联也不得不推迟了原来的载人航天计划。事故发生后，联盟号飞船的设计做了重大的调整，并重新做出返回过程航天员必须穿舱内航天服的决定。

4 礼炮6号空间站做了哪些重大改进

苏联于1977年9月29日发射了礼炮6号空间站，它有前、后两个对接口，可以同时与两艘运输飞船对接构成组合体，如图10-5所示。

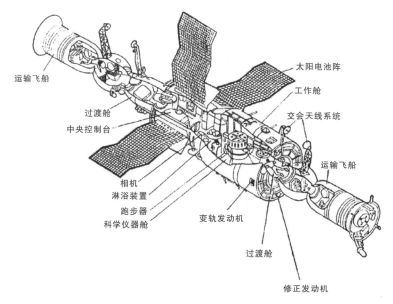

图10-5 礼炮6号空间站与两艘运输飞船构成的组合体

礼炮6号空间站可以看作礼炮1号至5号空间站的改进型。礼炮6号空间站在载人或不载人的情况下，用于空间摄影、天文学和天体物理学观察、试制新材料和生物学与空间医学研究等任务。

礼炮6号空间站由前过渡舱、工作舱、中间舱（内装中央控制台）、后过渡舱这四个密封压力舱和装有科学实验仪器的科学仪器舱及另两个非密封舱组成，如图10-5至图10-7所示。

图10-6 礼炮6号空间站

图10-7 礼炮6号空间站在轨飞行中

礼炮6号空间站不同于礼炮1号至5号之处，有以下几点改进：

（1）礼炮6号空间站有两个对接口，加强了空间站的安全性和可靠性，以及增加了驻留航天员的名额。由于有两个对接口，可以同时对接两艘飞船，万一在一个对接口的对接机构出现故障时，另一个对接口还可以使用。另外，有些空间实验工作需要多一些人参加，在一段时间内可有两艘载人飞船与礼炮1号空间站对接，在礼炮1号空间站上工作的人员可增至4~6人。

（2）礼炮6号空间站的发动机系统具有接受空间推进剂补加的功能，这是一项重大改进。礼炮6号空间站设置了变轨发动机和姿态控制发动机，变轨发动机用于在需要时调整空间站的轨道高度，从而延长空间站的轨道寿命；姿态控制发动机用于调整和控制空间站的姿态。但是，必须给这些发动机在空间补加推进剂（含燃料偏二甲肼和氧化剂四氧化二氮），而空间补加推进剂技术是一项复杂的技术。

1978年1月20日，苏联发射了进步号飞船中的第一艘飞船——进步1号

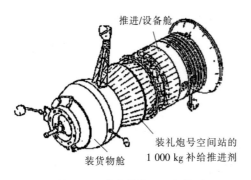

推进/设备舱

装礼炮号空间站的
1 000 kg补给推进剂

装货物舱

图10-8 进步号货运飞船构型

货运飞船，22日莫斯科时间13时12分，进步1号货运飞船与礼炮6号空间站实现空间对接，随后顺利地完成了空间补加推进剂任务。进步号货运飞船总质量为7 050 kg，总长为7.94 m，最大外径为2.72 m，由装货物舱、装推进剂舱和推进/设备舱组成，如图10-8所示。进步号货运飞船可运载货物2 300 kg（其中包括1 300 kg货物及1 000 kg的推进剂）。

苏联航天技术人员对礼炮6号空间站发动机系统的改进（含研制成功金属膜式贮箱）以及首次空间补加推进剂的成功，被认为是一件了不起的事情。从此，空间站有了可靠的后勤保障。

（3）礼炮6号空间站的第3个改进是在空间站上添置了许多新的器材和设备，使航天员可以从礼炮6号空间站出舱，完成空间操作和空间修理等工作。

· ● 相关链接 ● ·

航天员舱外活动清除了进步号货运飞船与礼炮6号空间站的对接障碍

1979年7月17日，礼炮6号空间站的航天员将KPT-10射电望远镜的网状抛物面天线安装到空间站的后对接口。8月9日完成望远镜试验后，航天员想将其抛掉，以便空出对接口对接进步号货运飞船。但是，由于望远镜抛物面天线的某些部分缠住了对接口，使望远镜与空间站不能分开。地面控制中心建议航天员启动空间站发动机抛掉望远镜及其抛物面天线，但仍未成功。最后通过航天员舱外作业，用钳子剪断了缠绕对接口的金属丝，并把望远镜推远，才得以排除故障。

（4）礼炮6号对航天员的生活环境和工作条件做了一些改善。依靠进步号货运飞船，在礼炮6号空间站上的航天员可以较舒适地长期生活在空间站上。1979年2月，苏联两名航天员乘联盟号飞船到礼炮6号上，共生活了175天，创造了当时人类连续在太空中飞行时间最长的世界纪录。后来，苏联航天员波波夫和柳明在礼炮6号空间站上一次工作了185天，积累了丰富的长期载人空间飞行经验，为建造和运营和平号空间站创造了条件。

礼炮6号空间站自1977年9月29日进入轨道至1982年7月29日重返大气层时烧毁，总计在空间运行了4年10个月。在它运行期间共计有16批、33名航天员先后到空间站上工作，其中最长停留时间达185天，站上累计有人居住时间为676天。航天员通过舱外活动安装了直径达10 m的射电望远镜天线。航天员们在礼炮6号上完成了包括气象、生物、医学、空间加工等学科的120多项科学实验，取得了大量有价值的资料。另有12艘进步号货运飞船先后与礼炮6号对接，向礼炮6号提供了推进剂、水、食物等补给物，保障了礼炮6号空间站任务的完成。

5 美国的天空实验室号空间站的特点

天空实验室号（Skylab）是美国第一个空间站，也是20世纪70年代世界上质量最大的空间站，用于天文观测、地球遥感、空间生物学及航天医学试验研究等。

天空实验室号空间站是利用阿波罗号登月计划的剩余部件建造的。天空实验室号总质量约82 t，全长36 m，最大直径6.7 m，运行在近地点高度为434 km、远地点高度为442 km、轨道倾角为50°的轨道上。

天空实验室号空间站由轨道舱、过渡舱、多用途对接舱、太阳望远镜和阿波罗号飞船五个部分组成，如图10-9所示。

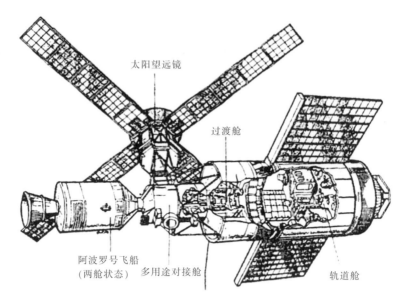

图10-9 天空实验室号空间站构型

（1）轨道舱：它是天空实验室号的主体，由土星5号运载火箭的第三级箭体改装而成，分上、下两层，上层为工作区，下层为生活区。生活区又用隔板分成卧室、餐厅、观测室和盥洗室。轨道舱内充纯氧。保持33 kPa（1/3个大气压）的压力和22 ℃左右的温度。轨道舱外部装有两个太阳电池阵，可产生3.7 kW的电能。

（2）过渡舱：在天空实验室号上设有过渡舱，如图10-10所示。该过渡舱具有三个功能，其一是作为航天员舱外活动的一个气闸舱；其二是放置天空实验室号的一些系统及其控制装置，即在舱内除了气闸外还有天空实验室号的通信系统、数据处理设备、供配电控制系统、环境控制系统和故障报警系统等；其三是作为天空实验室号的一个结构件，将轨道舱和多用途对接舱连接起来。

图10-10 天空实验室号的过渡舱

　　天空实验室号的过渡舱呈圆筒形，长5.4 m，基本直径3.1 m，最大直径为6.55 m，舱内航天员活动空间容积为17.66 m³。过渡舱主要由两个同轴的大圆筒组成，在发射时外圆筒的外边还有一个有效载荷保护罩，其外径与轨道舱外径相同。外圆筒也是阿波罗号太阳望远镜系统的支持结构，就像一个专用底座。复杂的阿波罗号太阳望远镜系统的一部分架设在外圆筒上。内圆筒是气闸舱同时又是连接轨道舱和多用途对接舱的一个通道。通道两端分别有一个舱门，这两个舱门关闭状态可以对气闸舱内进行减压或复压。此外在气闸舱舱壁上还有一个舱门，航天员通过此舱门进入太空，执行舱外活动任务，任务完成后通过此舱门回到天空实验室号。在航天员进行舱外活动时，先将气闸舱两端的舱门关闭，气闸舱内压力由33 kPa降至0，然后，侧舱门打开，航天员出舱，执行舱外活动任务；航天员完成舱外活动任务后，返回到气闸舱内，关闭侧舱门，向气闸舱内充纯氧气复压，使气闸舱内压力恢复到33 kPa，然后气闸舱两端舱门打开，航天员回到轨道舱。

　　在外圆筒和内圆筒之间的连接支架上安放了12个高压气瓶，其中6个氧气瓶用于向轨道舱和阿波罗号指挥舱供氧气，6个氮气瓶用于向一套共6台、推进剂为氮气、推力为640 N的冷气推进系统提供氮气。

　　（3）多用途对接舱：位于过渡舱的前端，有两个供阿波罗号飞船对接用的舱口，一个沿纵轴方向，一个在侧向，可同时停靠两艘飞船。阿波罗号飞船与天空实验室号空间站对接后，航天员通过多用途对接舱和气闸舱进入轨道舱。对接舱还可以作为实验设置和胶卷盒等物品的储藏室。

　　（4）太阳望远镜：天空实验室号空间站上的阿波罗号太阳望远镜用来观测太阳活动和拍摄太阳的照片。阿波罗号太阳望远镜座上安装4个呈十字形布局的太阳电池阵。

　　（5）阿波罗号飞船：天空实验室号上的阿波罗号飞船仅由指挥舱和服

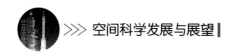

务舱组成（不含登月舱），又称作阿波罗号飞船指挥-服务舱。阿波罗号飞船指挥-服务舱是由土星1号B运载火箭发射入轨的。

1973年5月14日，天空实验室号空间站（又称天空实验室1号，不带阿波罗号飞船）由两级的土星5号运载火箭发射入轨；同年，先后发射了3艘阿波罗号飞船（阿波罗号飞船指挥-服务舱）与天空实验室号对接，这3艘飞船分别称为天空实验室2、3、4号，这3艘飞船每批3人，在空间站上分别生活了28天、59天和84天，用58种仪器进行了270多项天文、地理、空间生物学和航天医学试验研究。

6 在排除天空实验室号的故障中，航天员进行了哪些舱外活动

1973年5月14日，美国名为天空实验室号的空间站由土星5号运载火箭发射升空，起飞后约65 s，在经历最大动压时，轨道舱的外表面涂有防热层的铝制微流星防护罩提前打开，被强大的气流撕毁，轨道舱两侧的太阳电池阵有一个被防护罩刮走，另一个被防护罩的碎片缠住，致使入轨后无法展开，导致天空实验室号入轨后严重缺电。由于失去了防护罩，舱内温度上升至55 ℃，无法正常工作。

为了挽救天空实验室号，1973年5月25日，三名航天员乘阿波罗号飞船奔赴天空实验室号，把地面赶制的一顶遮阳伞从多用途对接舱的舱口撑出舱外，用于挡住阳光，使轨道舱的温度下降到27 ℃左右，然后两名航天员又出舱，用能自动伸长的割刀切割掉缠住太阳电池阵的防护罩碎片，使太阳电池阵展开，恢复了部分电源，从而使面临夭折危险的天空实验室号又具备了接待航天员的能力（见图10-11）。

天空实验室号空间站故障的紧急排除成功，充分表明了人在外层空间具有巨大的作用，也表明了航天员舱外活动能力对于空间站的重要性。

图10-11 天空实验室号实际在轨构型(只有一个轨道舱上的太阳电池阵)

参 考 文 献

[1] 中国大百科全书航空航天卷编写组. 中国大百科全书·航空航天卷 [M]. 北京:中国大百科全书出版社,1985:256,364-365.

[2] 王兆耀. 中国军事百科全书·军事航天技术[M]. 北京:中国大百科全书出版社,2008:291-297.

[3] 张蕊. 交会对接故障情况与分析[J].国际太空. 2011(5):16,19,20.

[4] 戚发轫,李颐黎.巡天神舟——揭秘载人航天器[M]. 北京:中国宇航出版社,2011:86.

[5] 钱振业,董世杰,李颐黎,等. 中国载人航天技术发展途径研究与多用途飞船概念研究文集(1986年至1991年)[M]. 北京:中国宇航出版社,2013:27.

[6] 戚发轫,朱仁璋,李颐黎. 载人航天器技术[M]. 2版.北京:国防工业出版社,2003:312-313,358-360,461-462.

[7] 陈善广. 航天员出舱活动技术[M]. 北京:中国宇航出版社,2007:150-151.

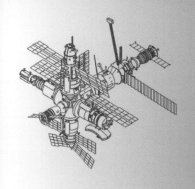

第十一章

世界上第一座多模块组合空间站
——和平号空间站

多模块组合空间站指由运载火箭或航天飞机每次发射一个空间站的一个模块（该模块由几个舱组成），并在轨道上将多个模块组合而成的空间站。苏联/俄罗斯的和平号空间站就是世界上第一座多模块组合的空间站，也是苏联/俄罗斯的第三代载人空间站。

1 和平号空间站的特点

和平号空间站用于长时间在轨科学实验和技术试验研究，用于考察长期失重环境对人体产生的影响。

和平号空间站质量约为123 t，轨道高度为320~420 km，轨道倾角为51.6°。和平号空间站由核心舱、量子1号舱、量子2号舱、晶体舱、光谱舱、航天飞机对接舱、自然舱这七个舱组成，如图11-1和图11-2所示。和平号空间站与为它提供运输和技术服务的联盟TM号载人飞船、进步M1号货运飞船对接后形成更大的轨道复合设施，总质量达137 t，全长约35 m，舱内容积大于400 m³，如图11-1所示。和平号空间站于1996年4月建成，是当时世界上规模最大的多模块组合的空间站。

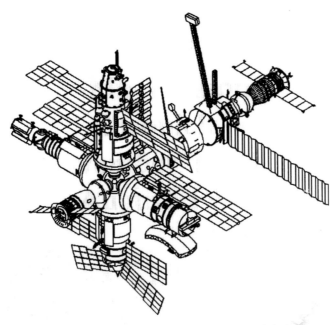

图11-1 和平号空间站(1996年5月7日的状态)

图11-2 1997年航天飞机拍摄的和平号空间站

2 和平号空间站是如何建成的？每个模块有哪些特点

2.1 核心舱

和平号空间站核心舱是和平号空间站第一次发射入轨的模块，也是和平号空间站的核心模块，它提供基本的服务、航天员居住、生保、电力和科学研究能力。核心舱的总长为13.13 m，最大直径为4.2 m，总质量为20.4 t。它由球形增压转移段、增压工作段、不增压的服务-动力段和增压转移对接段这四个段组成，如图11-3至图11-5所示。

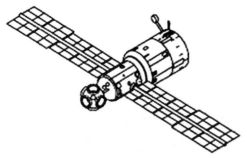

图11-3 和平号空间站的核心舱（图中未画出一块垂直的太阳电池阵）

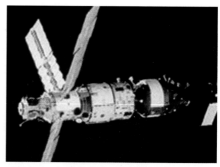

图11-4 和平号空间站的核心舱、量子1号舱与联盟号飞船对接的组合体

现将组成核心舱的四个段的情况介绍如下（见图11-5）：

（1）球形增压转移段：位于核心舱的最前端，其直径为2.2 m，上面装有5个直径为0.8 m的对接舱口，纵轴方向1个，侧向对称4个。

（2）增压工作段：这是核心舱的主体。总长为7.67 m，两个柱形段的直径分别为2.9 m和4.2 m。在直径为2.9 m的柱形段上安装了3块太阳电池阵，太阳电池阵可以绕其轴转动，使其活面对准太阳。

（3）不增压的服务-动力段：它位于核心舱的尾部，安装有主发动机、推进剂、天线和探照灯等。

（4）增压转移对接段：它位于服务-动力段的中央，提供第6个对接通道和对接口，对接口上将对接量子1号舱，如图11-4所示。

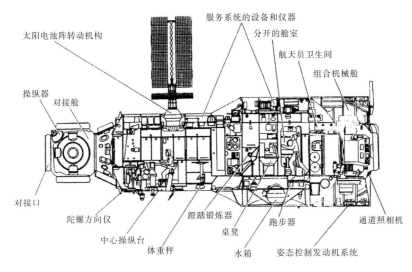

图11-5　和平号空间站的核心舱

1986年2月20日，一枚三级的质子号运载火箭将和平号空间站的核心舱发射升空。1986年3月13日，苏联发射了联盟T15号载人飞船，航天员基齐姆和索洛维耶夫驾驶该飞船于15日同和平号空间站核心舱对接，并成为核心舱的第一批乘员。他们的主要任务是对核心舱进行全面检查。1987年2月5日，载有两名航天员的联盟TM2号飞船进入轨道并与核心舱对接，两名航天员进入核心舱，准备迎接量子1号舱与核心舱的交会与对接。

2.2 量子1号舱

量子1号舱又称作量子舱，其主要功能是用于天体物理学及医学和生物学研究，其上载有望远镜、姿态控制设备和生命保障设备。量子1号舱有前、后两个对接口。

1987年3月31日，苏联用质子号运载火箭将量子1号舱发射入轨，同年4月2日，量子1号舱前对接口与和平号空间站核心舱第6个对接口对接成功，形成和平号空间站建造过程中的核心舱与量子1号舱的两舱组合的状态。量子1号舱的后对接口可对接进步号货船。

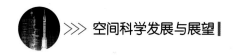

2.3 量子2号舱

量子2号舱用于改善乘员生活条件、在轨维修和工艺实验。量子2号舱上载有供舱外活动使用的气闸舱、两个太阳电池阵、科学试验设备、生命保障设备等。

量子2号舱于1989年11月28日与和平号空间站对接。

2.4 晶体舱（含航天飞机对接舱）

晶体舱用于研究空间材料加工及生物制品。晶体舱上载有两个太阳电池阵、科学技术设备和航天飞机对接舱。它可以与美国航天飞机对接，开展俄、美两国航天合作。晶体舱于1990年6月2日与和平号空间站对接。

2.5 光谱舱

光谱舱用于对地遥感和生物学实验。光谱舱上载有太阳电池阵和科学设备。光谱舱于1995年5月22日与和平号空间站对接。

2.6 自然舱

自然舱用于地球生态研究。自然舱载有对地观测和微重力研究设备。自然舱于1996年4月26日与和平号空间站对接，至此，和平号空间站在轨组装完毕（见图11-2）。

3 晶体舱与和平号空间站对接到位的步骤

晶体舱与和平号空间站的对接到位分五个步骤进行，如图11-6所示。

第一步，对接在量子1号舱后端轴向的进步号货运飞船脱离空间站[见图11-6 (a)，图中未画进步号货运飞船]；第二步，在前端轴向对接口对接的联盟TM号载人飞船，由航天员驾驶，机动到量子1号舱后端的轴向对接口 [见图11-6 (b)]；第三步，晶体舱与和平号空间站核心舱的轴向

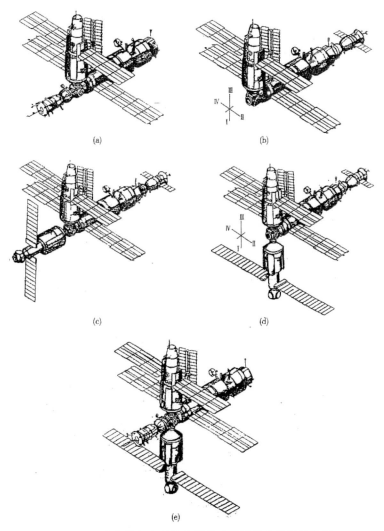

图11-6　晶体舱与和平号空间站对接到位的步骤示意图

对接口对接 ［见图11-6（c）］；第四步，用机械臂将晶体舱移至侧向对接口 ［见图11-6（d）］；第五步，将联盟TM号飞船通过轨道机动回到空间站前端轴向对接口 ［见图11-6（e）］。

采用上述晶体舱对接到位的步骤的优点如下：

（1）晶体舱采用轴向与空间站对接，对接后再用机械臂将晶体舱移至侧向对接口的方案，与晶体舱直接对接在空间站的侧向对接口的方案相比，简化了空间站作为轨道交会目标所需安装的轨道交会测量设备。

（2）在晶体舱与和平号空间站对接到位的过程中［见图11-6（c）及
（d）］，和平号空间站内有航天员，且联盟号载人飞船停靠在空间站上，因
此，增加了交会对接的可靠性和航天员的安全性。

4　美国航天飞机与俄罗斯的和平号空间站进行交会对接

1984年1月，美国政府决定在20世纪建造一个永久性空间站，同时邀
请日本和加拿大等国及欧洲空间局参加它的计划。这个空间站的永久性含
义是长寿命加上维修和补给，使空间站可以工作到报废为止。这个空间站
的名称是自由号国际空间站，经过十余年的探索和多次重新设计，直到苏
联解体，俄罗斯加盟，国际空间站才在1993年完成设计并开始实施。按照
国际空间站的总体设计，美国的航天飞机将参与国际空间站的装配和作为
国际空间站的天地往返运输系统之一，但美国没有航天飞机与空间站交会
对接的经验。为了降低国际空间站装配和运行中的技术风险，1994年至

1998年，美、俄两国开展合作，
完成了美国航天飞机与俄罗斯
和平号空间站的9次交会对接
飞行。美国航天员累计在和平
号空间站上工作两年，取得了
航天飞机与空间站交会对接以
及在空间站长期进行生命科
学、微重力科学实验和对地观
测的经验。图11-7为美国航天
飞机轨道器与俄罗斯和平号空
间站对接状态飞行。

图11-7　美国航天飞机轨道器与俄罗斯
和平号空间站对接状态飞行

5 和平号空间站在运营过程中出现过的重大故障及其处理方式

和平号空间站在运营过程中，出现过多起重大故障，包括量子1号舱内的失火故障和货运飞船与空间站对接过程中货运飞船与光谱舱发生的碰撞事故。现对这两次故障做如下介绍。

1996年4月，和平号空间站在轨组装完毕。

1997年2月10日，俄罗斯的联盟TM25号飞船载有三名航天员升空，其中两名为俄罗斯航天员齐布列耶夫和拉佐特金，另一名为美国航天员利宁格尔。12日，因自动对接系统出现故障，航天员采用手动方式实现了飞船与和平号空间站的对接。23日，和平号上的两台电解制氧装置连续出现故障，站上的三名航天员改为使用高氯酸钾装置来制氧。航天员拉佐特金在量子1号舱内制氧时，制氧设备突然破裂，引起火灾。明火燃烧了90 s，烟雾弥漫整个空间站，航天员们都戴上了防毒面具，浓烟持续了5~7 min。幸好空间站上的过滤系统性能良好，没有给航天员造成更大危害。火灾之后，量子1号舱内的照片如图11-8所示。

图11-8 火灾之后，量子1号舱内状况

1997年4月6日，俄罗斯进步M34号货运飞船入轨。8日与和平号对接，为和平号送去了3个灭火器、电解制氧备件、推进剂和生活用品。

1997年发生的另一次故障是进步M34号货运飞船与和平号空间站相撞的事故。1997年6月25日，进步M34号货运飞船与空间站进行例行的重新对接试验。

进步 M34 货运飞船因交会与对接系统故障，撞坏了和平号光谱舱和太阳电池翼（图中红色方框所圈出的部分）

图11-9 被进步M34号货运飞船撞坏了的和平号空间站光谱舱和太阳电池阵

俄罗斯航天员齐布列耶夫用遥控方式引导飞船与和平号空间站对接时，由于制动控制部件失灵，导致飞船没有按航天员的指令做出响应，致使飞船飞到和平号空间站时，直接撞到光谱舱的太阳电池阵和光谱舱上，将太阳电池阵撞出一个孔，并使两块太阳电池阵偏转了一个角度（见图11-9和图11-10）。最终，地面控制站控制住了进步M34号货运飞船，并挽救了空间站。

图11-10 进步M34号货运飞船与和平号空间站碰撞后空间站太阳电池阵的局部

这次故障发生还有两个间接原因:一是把进步M34号货运飞船与和平号空间站的例行重新对接试验安排在地面站和地面控制中心的控制范围之外,因此,地面控制中心无法实时了解交会对接的参数,并在出现撞击风险时无法及时采取相应措施。二是遥控机器操作对接单元不可靠。苏联/俄罗斯一直使用乌克兰研制的"航向"自动交会对接系统,而且很成功。为了提高交会对接的灵活性和减少对乌克兰的依赖,俄罗斯研制了新的有人介入的遥控机器人操作对接单元交会对接系统。进步M33号货运飞船与和平号空间站对接试验时,遥控机器人操作对接单元系统也出现过故障,但是飞船对航天员的指令及时做出了反应,避免了相撞。俄罗斯在进步M34号货运飞船上再次使用遥控机器人操作对接单元系统时,由于制动部件失灵而发生了碰撞事故。后来的进步M35号货运飞船又改用老式的"航向"自动交会对接系统,而没有再使用遥控机器人操作对接单元系统。

1997年5月15日,美国阿特兰蒂斯号航天飞机载7人升空,16日与和平号实现对接,把美国航天员福尔勒送上和平号替换利宁格尔,并给和平号带去1.8 t补给,包括一台氧气发生器和修理工具。21日与和平号分离,24日利宁格尔随机返回地面。

8月5日,俄罗斯发射的联盟TM26号载人飞船升空,8月7日,以手动方式与和平号对接。进站的索洛维约夫和维诺格拉多夫同站上的三名航天员会合,他们将接替齐布列耶夫和拉佐特金。9月6日,索洛维约夫和福尔勒出舱在太空中工作36个小时,他们发现被进步M34号货运飞船撞过的光谱舱上的太阳电池阵损坏严重,但整个光谱舱壳体完好无损。为了确保光谱舱的能源供应,他们还调整了太阳电池阵的朝向。

11月6日,俄罗斯航天员索洛维约夫和维诺格拉多夫到和平号舱外行走,安装了一块太阳电池阵,以代替被进步M34号货运飞船撞坏的光谱舱上的太阳电池阵,他们在太空中共用去6 h 17 min。

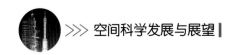

6 和平号空间站取得了哪些重要的成就

和平号空间站取得了以下重大技术成就：

第一，创建了世界上第一座长期的多模块组合的大型空间站。

从1986年2月20日和平号空间站的第一个模块——核心舱被发射入轨起，至1996年4月23日发射的最后一个模块——自然舱与和平号空间站对接成功为止，苏联/俄罗斯历时10年终于建成了世界上最大的多模块组成的空间站。建成后的和平号空间站质量约为123 t。整个空间站与为它提供运输服务的联盟号载人飞船和进步M号货运飞船对接后形成更大的轨道复合设施，总质量达137 t，长约35 m，舱内容积大于400 m³。

第二，创造了空间站运行时间最长、接待航天员人数最多、航天员连续驻留空间站时间最长的世界纪录。

从1986年2月20日和平号空间站的核心舱入轨起至2001年3月23日通过地面有效控制和平号空间站再入大气层烧毁止，和平号在轨运行时间长达15年。在这15年间，和平号空间站共接待乘联盟号飞船、美国航天飞机来访的39批航天员，总计138人次。其中与30艘联盟号飞船对接，与亚特兰蒂斯号航天飞机对接7次，与62艘进步号货运飞船对接。有来自其他12个国家和国际组织的62名航天员和旅客到访，俄罗斯航天员瓦西里·波利亚科夫于1994年1月至1995年3月在和平号空间站上创造了航天员连续驻留空间站438天的世界纪录。

第三，完成的科学技术试验项目最多，取得的成果最丰硕。

在和平号空间站运行的15年内，通过空间站内航天员及大量仪器设备完成了6 700余项空间组装技术试验，2 450项材料科学实验，拍摄了大量的地面目标照片，并完成了大量军事观测和试验任务。在和平号空间站的空间温室中曾经培植出100多种植物。和平号空间站把现代空间科学技术研究推向了一个新的高度，继而催生了美国、俄罗斯、加拿大、日本、欧空局等国家和组织联合研制的国际空间站。

7 和平号空间站是如何实施受控销毁的

尽管和平号空间站取得了重大的成就，但和平号十多年来事故频出，特别是在1997年，连出几次大事故。先是火灾，继而受到进步M号飞船的碰撞，最后是中央计算机失控。这些事故使和平号遭受到致命的损伤，但由于资金不足，加之设备老化，难以进行彻底的维修。

1998年8月，俄罗斯切尔诺梅尔金政府做出了销毁和平号的第一次决定。2000年11月16日，俄罗斯航天界高级领导人会议决定销毁和平号空间站。

2001年1月27日，进步M1-5号货运飞船与和平号对接，给和平号送去受控销毁所需的推进剂。

2001年2月4日，俄罗斯宇航局领导人在座谈会上从和平号的技术现状说明必须在还能控制和平号的情况下销毁它，以免给世界安全带来威胁。

俄罗斯政府决定于2001年3月23日对和平号空间站实施受控销毁。

2001年3月23日莫斯科时间凌晨3时33分（北京时间3月23日8时33分），俄罗斯罗尔耶夫飞行控制中心下达第一次制动发动机点火指令，和平号空间站制动发动机点火，发动机关机后和平号进入坠落轨道。

莫斯科时间5时02分（北京时间10时02分），飞行控制中心下达第二次制动发动机点火指令，和平号空间站进一步调整轨道，并围绕地球运行了2圈。

莫斯科时间8时30分（北京时间13时30分），飞行控制中心下达第三次制动发动机点火指令，和平号空间站开始进入地球大气层，下降到达90~110 km高度时，和平号空间站开始解体，随后，它们与大气摩擦产生了一群如流星雨般的拖着长尾巴的亮点（见图11-11）。

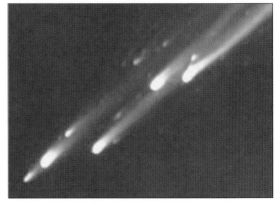

图11-11 和平号空间站的碎片进入大气层

莫斯科时间9时30分（北京时间14时30分），和平号空间站的碎片坠落在南太平洋预定海域。和平号空间站受控销毁取得成功。

参 考 文 献

[1] 王兆耀. 中国军事百科全书·军事航天技术[M]. 北京:中国大百科全书出版社,2008:297-298.

[2] 戚发轫,李颐黎. 巡天神舟——揭秘载人航天器[M]. 北京:中国宇航出版社,2010:19.

[3] 郁馨. 苏联/俄罗斯航天器交会对接故障[J].国际太空,2011(5):18,23-25.

[4] 王希季. 王希季院士文集[M]. 北京:中国宇航出版社,2006:70,75.

[5] 戚发轫、朱仁璋、李颐黎. 载人航天器技术[M]. 2版. 北京:国防工业出版社,2003:82.

[6] 顾逸东. 探秘太空——浅析空间资源开发与利用 [M]. 北京:中国宇航出版社,2010:24.

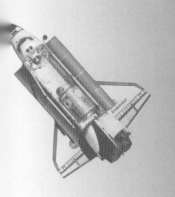

第十二章
世界上最大的多模块空间站
——国际空间站

    1984年1月，美国政府提出在20世纪内建设一个国际空间站，当时该空间站的正式名称是自由号国际空间站。经过近十年的探索和多次重新设计，直到苏联解体、俄罗斯加入，才在1993年完成国际空间站的设计，并开始实施，该空间站的正式名称为国际空间站。该空间站由美国、俄罗斯、加拿大、欧洲联盟11国（含比利时、丹麦、法国、德国、英国、意大利、荷兰、西班牙、瑞典、瑞士和爱尔兰）、日本、巴西等国联合建造和运营，是世界上最大的多模块空间站（见图12-1）。国际空间站已于2010年建成，设计寿命为15~20年。

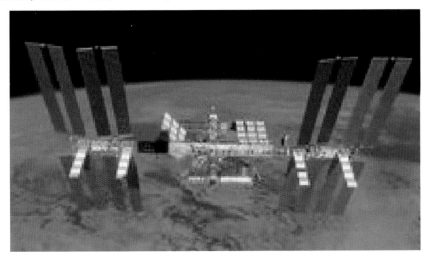

图12-1　国际空间站

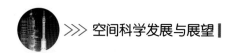
1 国际空间站的总体参数和构造

建成后的国际空间站的总体参数如下：

长度：约108 m；

宽度（翼展方向）：约88 m；

质量：约419 t；

运行轨道高度：370~460 km；

轨道倾角：51.6°；

舱内大气：0.1 MPa的氧氮混合气体（与地球表面的气压和气体成分相同）；

总加压容积：1 200 m³；

电源最大功率：110 kW；

有效载荷平均功率：30 kW；

乘员人数：6人。

国际空间站的基础设施由以下各部分组成（见图12-2）：

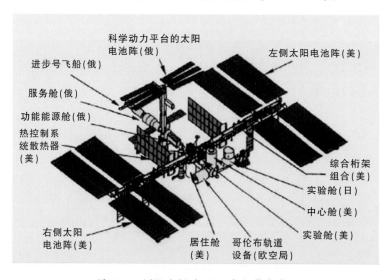

图12-2　国际空间站(2011年组装完成)

（1）曙光号多功能货舱：由俄罗斯负责研制和发射，美国提供经费并拥有主权。它能独立完成无人在轨运行任务，具有推进、导航、通信、发电、贮存推进剂和对接等多种功能。

（2）节点舱：共3个，由美国提供。每个节点舱具有5个对接口，用于舱体的连接、物资的存储、仪器架和太阳电池阵等的安装。

（3）服务舱：共2个，由美国和俄罗斯提供。用于整个空间站的姿态控制和轨道控制，并带有卫生间、睡袋、冰箱等生活设施，可供三名航天员居住。还带有一对太阳电池阵，为俄罗斯的部件提供电源。

（4）实验舱：包括美国实验舱、欧洲的哥伦布号实验舱、日本的希望号实验舱和俄罗斯的黎明号小型实验舱，配备有科学研究和实验等设备，是进行科学研究的主要场所。

（5）遥操作机械臂：由加拿大研制。它长17.6 m，能搬动质量为20 t、长度为18.3 m、直径为4.6 m的有效载荷，可用于空间站的装配和维修、轨道器的对接与分离、有效载荷操作以及协助航天员出舱活动等。遥操作机械臂由移动输送机带动，沿桁架梁定位。

（6）桁架梁：与舱体组合相连接，桁架梁上装有加拿大研制的遥操作机械臂服务系统和暴露在太空中的有效载荷设备等。两端各安装有4组大型太阳电池阵以及外场试验平台。

（7）能源系统：太阳电池阵共提供110 kW功率，其中美国提供90 kW功率，俄罗斯提供20 kW功率。

（8）外场试验平台：在桁架共有4个外场试验平台，包括多用途后勤舱、多用途实验舱、科学动力平台、离心机设备舱。

在国际空间站组装阶段，该站的各个模块是由美国的航天飞机、俄罗斯的质子号火箭和天顶号火箭、欧洲的阿里安5号火箭等发射并送入轨道的；国际空间站组装阶段及运营阶段提供人员、设备、推进剂、气体、食

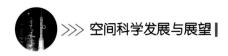
物和水等的保障是由美国的航天飞机、俄罗斯的联盟号载人飞船和进步号货运飞船以及欧洲的自动转移航天器、日本的货运飞船等完成的。

2 国际空间站是怎样建造起来的（之一，准备阶段）

1994年至1998年年初为国际空间站建造的准备阶段——第一阶段。在此阶段，美、俄两国完成了美国的航天飞机与俄罗斯的和平号空间站的9次交会对接飞行试验。美国航天员累计在和平号空间站上工作两年，取得了航天飞机与空间站交会对接以及在空间站上长期进行生命科学、微重力科学实验和对地观测的经验，可降低国际空间站组装及运营中的风险。美国航天飞机与和平号空间站对接状态的飞行如图12-3所示。

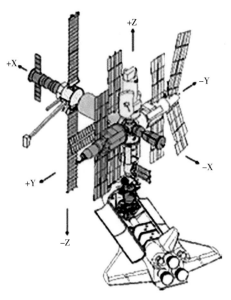

图12-3 航天飞机与和平号空间站对接

3 国际空间站是怎样建造起来的（之二，第二阶段）

第二阶段是从1998年10月至2001年7月。

1998年11月20日国际空间站的第一个模块——曙光号多功能货舱由质子号三级火箭发射入轨。曙光号多功能货舱总质量19.323 t，长12.6 m，直径4.1 m，在轨寿命≥15年，运行轨道高度350~450 km，轨道倾角51.6°，电源功率2 kW，内部容积72 m³。曙光号多功能货舱在轨飞行状态如图12-4所示。

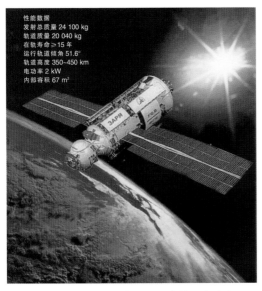

性能数据
发射总质量 24 100 kg
轨道质量 20 040 kg
在轨寿命 ≥15 年
运行轨道倾角 51.6°
轨道高度 350~450 km
电功率 2 kW
内部容积 67 m³

图12-4　曙光号多功能货舱在轨飞行状态

曙光号多功能货舱是国际空间站的基础部分，其大小和外形与和平号空间站的晶体舱或量子2号舱类似，有一对太阳电池阵。该舱可提供电源和姿态与轨道控制能力，并可作为辅助的活动场所。该舱还具有转运功能，可接收和贮存推进剂，供国际空间站需要时使用。其内部还携带科学实验和其他载荷设备以及消费品、日常维护器材和备份用品。它还能为空间站的环境控制生命保障提供必要的条件。

1998年12月4日，美国奋进号航天飞机将国际空间站的第二个模块——团结号节点舱（1号节点舱）送入轨道，并于12月6日通过增压对接适配器成功地与曙光号多功能货舱对接，如图12-5所示。

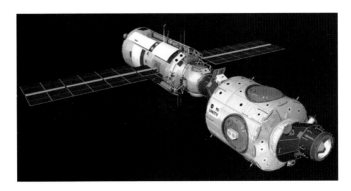

图12-5　团结号节点舱与曙光号多功能货舱对接飞行

团结号节点舱上共有6个对接口，与曙光号多功能货舱对接后还有5个对接口，故能在团结号节点舱上再对接5个舱段或航天器。节点舱还可以用于物资的存储以及仪器架和太阳电池阵的安装。

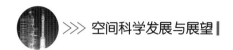

2000年7月12日，国际空间站的第三个模块——俄罗斯建造的星辰号服务舱发射入轨，26日星辰号与曙光号-团结号组合体完成交会对接，形成了由星辰号-曙光号-团结号三舱组成的国际空间站，如图12-6所示。

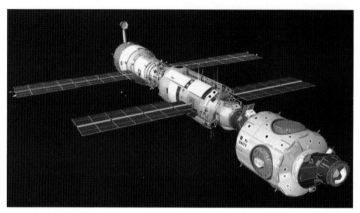

图12-6　星辰号-曙光号-团结号三舱组成的国际空间站(前侧视图)

星辰号服务舱由俄罗斯承建。星辰号长13.1 m、太阳电池阵最大长度为30 m，质量为19.1 t。

星辰号服务舱由过渡舱、生活舱和工作舱等3个密封舱和1个用来布置推进剂箱、发动机和通信天线的非密封舱组成。生活舱中设有供航天员洗澡和睡眠的单独"房间"，舱内有带冰箱的厨房、餐桌、供航天员锻炼身体的运动器械。舱体上设计有14个舷窗，可供航天员眺望浩瀚的星空。星辰号服务舱具有姿态控制和提升空间站运行轨道高度的能力。

星辰号服务舱装配有定位和电视联络系统，可保证该舱内的航天员与俄罗斯的科罗廖夫地面飞行控制中心和美国的休斯敦地面飞行控制中心的直接联系。

星辰号服务舱共有4个对接口，可用于对接载人飞船或货运飞船。

2000年10月11日，美国发现号航天飞机将Z1构架、3号增压对接适配器和Ku波段通信系统送入轨道，借助航天员的舱外活动，把它们安装在空间站上。

两名航天员用了6个多小时，将Z1构架安装在1号节点舱的上方，如图12-7所示。Z1构架用于安装P6构架和Ku波段通信系统。

图12-7　已安装在空间站上的Z1构架(上面部分)

航天员使用航天飞机遥操作机械臂将3号增压对接适配器连接到1号节点舱外下侧的对接口，如图12-8所示。3号增压对接适配器用于停靠美国的航天飞机。

图12-8　已安装在空间站上的3号增压对接适配器(左面部分)

组装完毕的Z1构架、Ku波段通信系统和3号增压对接适配器后的国际空间站，如图12-9和图12-10所示。

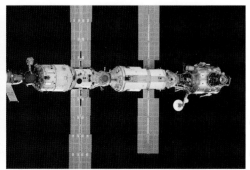

图12-9 组装有Z1构架（上面部分）、Ku波段通信系统和3号增压对接适配器（下面部分）的国际空间站

图12-10 组装有Z1构架、Ku波段通信系统和3号增压对接适配器的国际空间站（仰视图）

2000年11月2日，首批驻留在国际空间站上的航天员登上国际空间站；从此，国际空间站长期驻留航天员。

2000年11月30日，奋进号航天飞机将P6构架及太阳电池阵等送入轨道，P6构架用于在其上安装太阳电池阵和散热器。它们应安装的位置如图12-11和图12-12所示。

图12-11 在Z1构架上安装P6构架（白色部分）、美国的第一组太阳电池阵（浅蓝色部分）、散热器（黑、灰相间部分）的位置

图12-12 已安装好的P6构架和美国的第一组太阳电池阵的国际空间站

2001年2月7日，美国的命运号实验舱由亚特兰蒂斯号航天飞机送入轨道，随后命运号与国际空间站对接成功，如图12-13和图12-14所示。

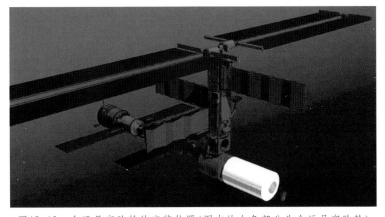

图12-13　命运号实验舱的安装位置(图中的白色部分为命运号实验舱)

图12-14　命运号实验舱(右下方)被安装在国际空间站上

2001年4月19日，加拿大制造的空间站遥操作机械臂——加拿大臂2号被奋进号航天飞机送入轨道，4月23日加拿大臂2号被安装在国际空间站，如图12-15所示。

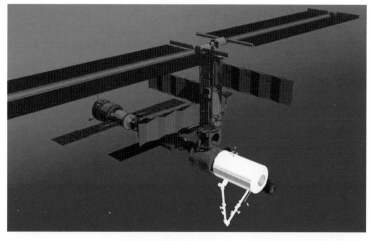

图12-15　加拿大臂2号(白色杆系机构)被安装在命运号实验舱外的位置

加拿大臂2号在地面上连自身重量都不能承受，但在太空中它却能够抓取重达10 t的物体。加拿大臂2号全长17.6 m，直径35 cm，质量为1.796 t，平均功耗1 360 W，机械臂两端均可连接到命运号实验舱下面的基座上，如图12-16和图12-17所示。

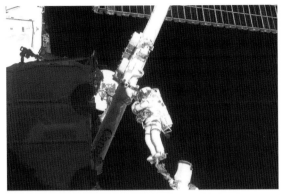

图12-16 航天员正在安装加拿大臂2号

图12-17 安装了加拿大臂2号（空间站照片的最下方的杆系机构）的国际空间站

　　有了加拿大臂2号的空间站犹如空间站有了"手臂"，大大方便了后续空间站组装工作的开展。

　　2001年7月12日，美国亚特兰蒂斯号航天飞机将供航天舱外活动的探索号气闸舱送入轨道，7月15日由航天飞机和国际空间站上的航天员共同将该气闸舱对接到团结号节点舱的侧面，如图12-18所示。

　　探索号气闸舱的质量为6.064 t，气闸舱分为设备舱（图12-19中的大直径部分）和乘员舱（小直径部分）两部分，设备舱存放舱外航天服等设备，并具有舱内减压和复压及通信的功能，其外侧安装有4组高压氧氮气体组件，乘员舱为航天员进出舱提供活动空间，如图12-19所示。

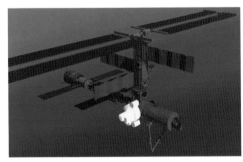

图12-18 探索号气闸舱的安装位置（图中的白色部分）

图12-19 探索号气闸舱(图中右面部分)安装在空间站上

至此，美国、俄罗斯等国通过航天飞机、质子号运载火箭等运输工具的10余次飞行，将国际空间站的曙光号多功能舱、团结号节点舱、星辰号服务舱、命运号实验舱、探索号气闸舱、美国的第一组太阳电池阵、加拿大臂2号及多个组件送入太空，并完成了国际空间站的第二阶段的组装任务。

4 国际空间站是怎样建造起来的（之三，第三阶段）

国际空间站第三阶段是从2001年9月对接码头号对接舱起至2011年国际空间站组装完成为止。

国际空间站于2001年9月组装了俄罗斯的码头号对接舱，该舱安装在星辰号服务舱的对接段下对接口上，可以作为舱外活动的气闸舱，也可以作为对接口，停靠联盟号载人飞船或进步号货运飞船，如图12-20和图12-21所示。

图12-20　码头号对接舱在国际空间站的位置（图中白色部分）

2001年9月17日，码头号多功能对接舱被安装到国际空间站上。如图12-21所示。

码头号多功能对接舱由俄罗斯能源号火箭航天公司研制，质量约4 t。该对接舱的一端与星辰号服务舱连接，另一端的对接装置能与进步号系列货运飞船或联盟号系列载人飞船对接，对接舱

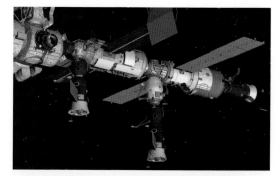

图12-21　码头号对接舱与国际空间站对接后的状态（中间的飞船上面的舱段是码头号对接舱）

的一侧还有一个隔舱，当航天员穿上舱外航天服，调节好隔舱中的气压后就可以打开隔舱舱门，进行出舱活动。该对接舱有助于增加国际空间站与地面间的货物和人员的运输。

码头号对接舱对接成功后，国际空间站上共有3个联盟号系列飞船或进步号系列货船的对接口（见图12-21）。

从2002年4月8日至2007年8月8日，美国用航天飞机将国际空间站的桁架、太阳电池阵、外部装载平台等分成10个模块送往国际空间站，并完成了装配。2007年8月的空间站规模巨大，其总质量已达到233 t，其构型如图12-22所示。

图12-22　2007年8月的国际空间站构型

2007年10月23日，亚特兰蒂斯号航天飞机将美国的和谐号节点舱（2号节点舱）发射入轨，随后与国际空间站完成了对接，如图12-23所示。和谐号节点舱是由意大利制造的。

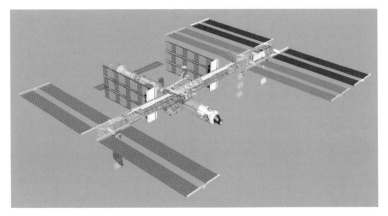

图12-23　和谐号节点舱在国际空间站上的位置(图中的白色舱段)

2008年2月7日，亚特兰蒂斯号航天飞机将质量为19.3 t的哥伦布号实验舱发射入轨，随后与国际空间站完成了对接，如图12-25所示。

图12-24　航天飞机载和谐号节点舱抵达国际空间站

图12-25　对接在国际空间站上和谐号节点舱右舷对接口的哥伦布号实验舱（右）

哥伦布号实验舱是继美国命运号实验舱之后的对接到国际空间站上的第二个实验舱，它由欧洲10个国家的40家公司共同参与制造，是欧洲最大的国际空间站项目。哥伦布号实验舱长度为6.871 m，直径为4.477 m，内部总容积75 m³，装备有多种实验设备，能开展细胞生物学、空间生物学、流体和材料科学、人类生理学、天文学和基础物理学等多方面的实验，其使用寿命至少10年。

2008年3月11日，奋进号航天飞机发射升空，将日本研制的希望号实验舱的后勤增压段和加拿大研制的灵巧号机械臂（见图12-26）送至国际空间站。希望号实验舱的后勤增压段质量为4.2 t，长度为3.9 m，直径为4.4 m。灵巧号机械臂质量为1.542 t，高3.67 m，宽

图12-26　奋进号航天飞机轨道器货舱内的日本希望号实验舱的后勤增压段和加拿大的灵巧号机械臂

2.44 m，臂长3.35 m，每只臂上有7个关节，具有力量和运动的感知能力，能够进行力量和运动的自动补偿，从而确保所抓住的物体平稳地运动到目标。具体情况如图12-26至图12-28所示。

图12-27　灵巧号机械臂可以置于国际空间站的多个位置上，这是置于命运号实验舱上的情景

图12-28　临时停靠在国际空间站和谐号节点舱上方对接口上的日本希望号实验舱的后勤增压段

2008年5月31日，发现号航天飞机发射升空，将日本制造的质量为14.800 t、长11.19 m、直径4.39 m的希望号实验舱的密封段和日本机械臂送至国际空间站，同时还携带了修理空间站损坏的厕所所急需的一台泵，具体情况如图12-29至图12-31所示。

图12-29　日本机械臂抓住日本希望号实验舱的密封段向它的组装位置(和谐号实验舱左舷对接口)缓缓移动

图12-30　将希望号实验舱的后勤增压段移到希望号实验舱的密封段的侧面对接口上。至此，完成了日本希望号实验舱前两个阶段的组装工作

图12-31 2008年年底的国际空间站。哥伦布号实验舱(图中上部右侧)、希望号实验舱的密封段及希望号实验舱的后勤增压段 (图中上部左侧)对接在和谐号节点舱的两侧

2009年3月15日，发现号航天飞机发射升空，将质量达14.1 t的S6构架及太阳电池阵送至国际空间站，如图12-32和图12-33所示。

图12-32 发现号航天飞机轨道器货舱内的S6构架(即右舷6构架组件)及太阳电池阵

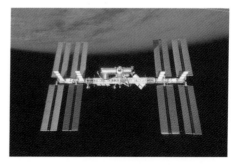

图12-33 国际空间站又增添了一套太阳电池阵，达到了4套，科学用电量增加了50%，并为国际空间站常驻航天员由3名增至6名以及后续组装舱段的工作创造了条件

2009年7月15日，奋进号航天飞机发射升空，将质量为4.1 t的日本希望号实验舱的外部实验平台送往国际空间站，并将其安装在空间站上。至此，日本希望号实验舱完成了全部舱段的安装工作，如图12-34所示。这

次飞行还为国际空间站更换了电池。

2009年11月10日，进步号货运飞船将俄罗斯的探索号小型实验舱送往国际空间站，并对接到星辰号服务舱朝上的对接口上，如图12-35和图12-36所示。

图12-34　组装完毕的日本希望号实验舱由密封段(中)、后勤增压段(上)、外部实验平台(左下)和日本机械臂(左上)组成

图12-35　探索号小型实验舱对接在星辰号服务舱朝上的对接口上

图12-36　2009年年底的国际空间站，其总长102 m的构架已全部组装完毕,4组16片太阳电池阵也全部就位并开始发电

2010年2月8日，奋进号航天飞机发射升空，为国际空间站送去了宁静号节点舱和一个质量为1.880 t、高1.500 m、直径2.955 m的穹顶天体观测台——瞭望塔号观测舱，在空间站上它们被连接、安装在一起。空间站上

图12-37 奋进号航天飞机轨道器货舱内的宁静号节点舱和瞭望塔号观测舱

的多个环境控制与生命保障系统以及为航天员提供的额外房间被安放在宁静号节点舱内,而瞭望塔号观测舱则能方便航天员对地球、其他天体及航天器进行全景观测。宁静号与瞭望塔号的组装过程如图12-37至图12-43所示。

图12-38 国际空间站遥操作机械臂将宁静号节点舱与瞭望塔号观测舱组合体从航天飞机轨道器货舱中取出,向安装位置移动

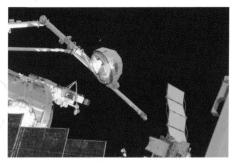

图12-39 宁静号节点舱与瞭望塔号观测舱组合体安装完成后,国际空间站遥操作机械臂将瞭望塔号观测舱从宁静号节点舱前端取下,向宁静号的侧面移动

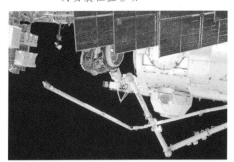

图12-40 移动到宁静号节点舱下面的瞭望塔号观测舱安装在朝向地面的对接口,它将永久固定在这里。之后遥操作机械臂又将3号增压对接适配器从和谐号节点舱移动到宁静号节点舱前端,使宁静号节点舱具有停靠航天飞机的能力

图12-41 开启瞭望塔号窗盖后,航天员可以方便地从瞭望塔号内向外观测

图12-42　航天员可以通过瞭望塔号观测舱的7个窗口向外观测,还可以了解遥操作机械臂的
　　　　　工作情况及航天员舱外活动情况

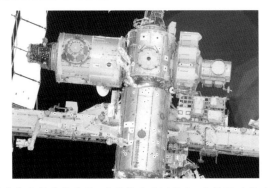

图12-43　这是新组装成的宁静号节点舱、瞭望塔号观测舱和3号增压对接适配器在国际空间
　　　　　站上的位置。画面中间下方是命运号实验舱;上方是团结号节点舱,团结号右侧是
　　　　　探索号气闸舱,左侧是宁静号节点舱、瞭望号观测舱和3号增压对接适配器组合体

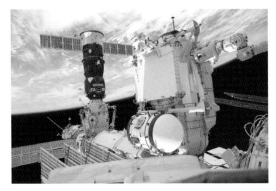

图12-44　黎明号小型实验舱被组装到国际空间站
　　　　　曙光号多功能货舱朝向地球的对接口上。
　　　　　黎明号的端头有对接装置,可以停靠联盟
　　　　　号系列载人飞船或进步号系列货运飞船

2010年5月14日,亚特兰蒂斯号航天飞机发射升空,为国际空间站送去俄罗斯的黎明号小型实验舱、6块太阳电池阵及Ku波段通信天线、发射天线等关键部件及货物,如图12-44所示。

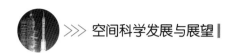

2010年年末的国际空间站由12个增压舱段、102 m长的构架和其上的4组共16块太阳电池阵组成，如图12-45所示。

图12-45　2010年年末的国际空间站的组成

2011年2月24日，发现号航天飞机将多用途增压舱送往国际空间站并与之对接。至此，国际空间站组装工作全部结束。

5　国际空间站的实际建造过程

国际空间站是一个十分庞大的工程，它由34个模块组成，建造过程历时达12年之久。从国际空间站实际建造过程一览表（见表12.1）中，我们可以看到建造国际空间站的复杂和艰辛。

表12.1　国际空间站实际建造过程一览表

序号	模块名称	航次	运载器名称	发射日期	模块参数		
					长度/m	直径/m	质量/t
1	曙光号多功能货舱	1A/R	质子号	1998年11月20日	12.6	4.1	19.323
2	团结号节点舱（1号节点舱）	2A-STS-88	奋进号	1998年12月4日	5.49	4.57	11.612
3	星辰号服务舱	1R	质子号	2000年7月12日	13.1	4.15	19.050
4	国际空间站桁架——Z1构架	3A-STS-92	发现号	2000年10月11日	4.9	4.2	8.755

序号	模块名称	航次	运载器名称	发射日期	模块参数		
					长度/m	直径/m	质量/t
5	国际空间站桁架——P6构架及太阳电池阵	4A-STS-97	奋进号	2000年11月30日	73.2	10.7	15.824
6	命运号实验舱	5A-STS-98	亚特兰蒂斯号	2001年2月7日	8.53	4.27	14.515
7	外部装载平台（ESP-1）	5A.1-STS-102	亚特兰蒂斯号	2001年3月13日	4.9	3.65	2.676
8	移动维修系统——空间站遥操作机械臂（加拿大臂2号）	6A-STS-100	奋进号	2001年4月19日	17.6	0.35	1.796
9	探索号气闸舱	7A-STS-104	亚特兰蒂斯号	2001年7月12日	5.5	4.0	6.064
10	码头号对接舱	4R-进步-M-SO1	进步号	2001年9月14日	4.9	2.3	3.676
11	国际空间站桁架——SO构架	8A-STS-110	亚特兰蒂斯号	2002年4月8日	13.4	4.6	13.971
12	移动维修系统——机械臂移动平台	UF-2-STS-111	奋进号	2002年6月5日	5.7	2.9	1.450
13	国际空间站桁架——S1构架	9A-STS-112	亚特兰蒂斯号	2002年10月7日	13.7	4.6	14.124
14	国际空间站桁架——P1构架	11A-STS-113	奋进号	2002年11月23日	13.7	4.6	14.003
15	外部装载平台2（ESP-2）	LF1-STS-114	发现号	2005年7月26日	4.9	3.65	2.676
16	国际空间站桁架——P3、P4构架及太阳电池阵	12A-STS-115	亚特兰蒂斯号	2006年9月9日	13.8	4.8	15.824
17	国际空间站桁架——P5构架	12A.1-STS-116	发现号	2006年12月9日	3.4	4.6	1.864
18	国际空间站桁架——S3、S4构架及太阳电池阵	13A-STS-117	亚特兰蒂斯号	2007年6月8日	13.7	5.0	16.183
19	国际空间站桁架——S5构架	13A.1-STS-118	奋进号	2007年8月8日	3.4	4.6	1.864

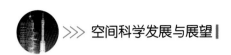

续表

序号	模块名称	航次	运载器名称	发射日期	模块参数		
					长度/m	直径/m	质量/t
20	外部装载平台3（ESP-3）	13A.1-STS-118	奋进号	2007年8月8日	4.9	3.65	2.676
21	和谐号节点舱（2号节点舱）	10A-STS-120	亚特兰蒂斯号	2007年10月23日	7.2	4.4	14.288
22	哥伦布号实验舱	1E-STS-122	亚特兰蒂斯号	2008年2月7日	6.817	4.477	19.300
23	日本希望号实验舱的后勤增压段	1J/A-STS-123	奋进号	2008年3月11日	3.9	4.4	4.200
24	灵巧号机械臂	1J/A-STS-123	奋进号	2008年3月11日	3.67	2.44（宽）	1.542
25	日本希望号实验舱的密封段	1J-STS-124	发现号	2008年5月31日	11.19	4.39	14.800
26	日本机械臂	1J-STS-124	发现号	2008年5月31日	10.0	0.35	0.780
27	国际空间站桁架——S6构架及太阳电池阵	15A-STS-119	发现号	2009年3月15日	13.84	4.97	14.100
28	日本希望号实验舱的外部实验平台	2J/A-STS-127	奋进号	2009年7月15日	5.20	5.00	4.100
29	小型实验舱2号（探索号小型实验舱）	5R-进步-M-M1M2	进步号	2009年11月10日	2.25	4.049	3.670
30	宁静号节点舱（3号节点舱）	20A-STS-130	奋进号	2010年2月8日	6.706	4.480	19.000
31	瞭望塔号观测舱	20A-STS-130	奋进号	2010年2月8日	1.500	2.955	1.880
32	小型实验舱1号（黎明号小型实验舱）	ULF4-STS-132	亚特兰蒂斯号	2010年5月14日	6.00	2.35	8.015
33	多用途增压舱	ULF5-STS-133	发现号	2011年2月24日	—	—	—
34	物理学研究设备等		亚特兰蒂斯号*	2011年7月8日	—	—	—

*这是美国航天飞机在历史上最后一次执行任务，向国际空间站运去了新的货物。

6 造访过国际空间站的货运飞船

在国际空间站建造过程及建成之后除了进步号系列货运飞船外，还有欧洲研制的自动转移航天器、意大利的莱昂纳多号多用途后勤舱、日本的货运飞船和美国民间的龙号货运飞船造访过国际空间站。

6.1 欧洲研制的自动转移航天器

欧洲研制的自动转移航天器（见图12-46）于2008年飞向国际空间站，为空间站运送了4.6 t物资，包括856 kg推进剂、270 kg饮用水、21 kg氧和其他物品（见图12-47）。

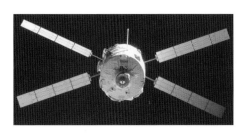

图12-46　欧洲研制的自动转移航天器

图12-47　停靠了自动转移航天器（下面部分）的国际空间站。自动转移航天器停靠一段时间后，携带空间站内的垃圾与空间站分离，进入大气层烧毁

6.2 意大利的莱昂纳多号多用途后勤舱

2008年11月14日，奋进号航天飞机发射升空，利用由意大利提供的莱昂纳多号多用途后勤舱（见图12-48）装载了14.5 t的物资和设备，送至国际空间站，航天飞机返回地面时再将装载了空间站垃圾的多用途后勤舱带回地面。

图12-48 奋进号航天飞机轨道器货舱内的莱昂纳多号多用途后勤
舱,它将对接在和谐号节点舱朝向地面的对接口上

6.3 日本的货运飞船

2009年, 长10 m、直径3.4 m、
质量为15.9 t的日本货运飞船到达国
际空间站, 它可以运载5.9 t货物
(见图12-49和图12-50)。

图12-50 日本的货运飞船与国际空间站完
成对接后, 前者运载的货物卸出,
又装填了垃圾后,航天员操纵国际
空间站遥操作机械臂将其施放,返
回大气层烧毁

图12-49 日本的货运飞船在轨飞行中

6.4 美国的龙号货运飞船

2008年, 美国太空探索技术公司 (Space X) 与美国国家航空航天局签
订了16亿美元的合同, 要求前者在航天飞机退役后用猎鹰9号运载火箭和
龙号货运飞船往国际空间站执行货运任务, 共飞行12次。

2012年5月25日, 在美国航天员唐纳德·佩蒂和安德烈·凯珀斯的操作控制下，国际空间站的加拿大机械臂，捕获了龙号货运飞船，大约2小时后，龙号货运飞船与国际空间站和谐号节点舱下端的对接口对接在一起，其过程如图12-51所示。

图12-51　龙号货运飞船正在与国际空间站对接

随后，美国航天员唐纳德·佩蒂和俄罗斯航天员奥列格·科诺年柯进入龙号货运飞船内工作（见图12-52）。

此次飞行为国际空间站送去约620 kg的补给。

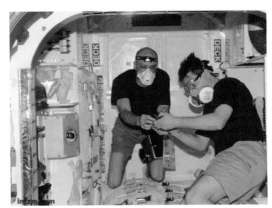

图12-52　美国航天员唐纳德·佩蒂和俄罗斯航天员奥列格·科诺年柯在龙号货运飞船内

7　国际空间站有哪些用途

国际空间站的启动宣示了人类和平利用空间、共同开发空间资源和造福人类的理想。国际空间站核心舱从1998年被发射入轨以来，一直在开展包括微重力科学、空间生命科学、基础物理学、空间天文观测、空间环境监测以及空间工程技术等广泛领域的科学实验与技术试验研究。

2011年国际空间站建成之后，它作为科学研究和开发太空资源的手段，为人类提供一个长期在太空近地轨道上进行对地观测和天文观测的机会。

在对地观测方面，国际空间站比遥感卫星要优越。在国际空间站上，航天员参与遥感任务。当地球上发生地震、海啸或火山喷发等事件时，在站上的航天员可以及时调整遥感器的各种参数，以获得最佳观测效果；当遥感器等仪器设备发生故障时，又可随时维修到正常工作状态。国际空间站还可以通过航天飞机（在2011年前）或飞船更换遥感仪器设备，使新技术及时得到应用并节省研制经费。用国际空间站对地球大气质量进行长期监测，可长期预报气候变化。在陆地资源开发、海洋资源利用等方面，参与国也会从中受益。

在天文观测方面，国际空间站比其他航天器优越。它是了解宇宙天体位置、分布、运动结构、物理状态、化学组成及其演变的重要手段。因为有人在太空参与观测，观测时不受大气层和天气变化的影响，再加上空间站在太空活动位置和多方向性，以及机动的观察测定方法，所以可以充分发挥仪器设备的作用。通过国际空间站，天文学家不仅能获得宇宙射线、亚原子粒子等重要信息，了解宇宙的奥秘，而且还能对影响地球环境的天文事件（如太阳耀斑爆发等）做出快速反应，及时保护地球、保护在太空中飞行的航天器及其上的乘员。

国际空间站上的生命科学研究，可分为人体生命科学与重力生物学两方面的研究。人体生命科学的研究成果可直接促进航天医学的发展。重力生物学和材料科学的研究与应用具有广阔的前景。

参 考 文 献

[1] 王兆耀. 中国军事百科全书·军事航天技术[M]. 2版. 北京：中国大百科全书出版社,2008:298-230.

[2] 邸乃庸.国际空间站是如何建成的? ——连载一[J].太空探索,2009(3),10-13.

[3] 邸乃庸.国际空间站是如何建成的? ——连载二[J].太空探索,2009(5),32-34.

[4] 邸乃庸.国际空间站是如何建成的? ——连载三[J].太空探索,2009(6),37-39.

[5] 邸乃庸.国际空间站是如何建成的? ——连载四[J].太空探索,2009(7),38-41.

[6] 邸乃庸.国际空间站是如何建成的? ——连载五[J].太空探索,2009(8),53-55.

[7] 邸乃庸.国际空间站是如何建成的? ——连载六[J].太空探索,2009(9),48-50.

[8] 邸乃庸.国际空间站是如何建成的? ——连载七 [J].太空探索,2009(11),38-40.

[9] 邸乃庸.国际空间站是如何建成的? ——连载八 [J].太空探索,2009(12),51-53.

[10] 邸乃庸.国际空间站是如何建成的? ——连载九 [J].太空探索,2010(3),30-32.

[11] 邸乃庸.国际空间站是如何建成的? ——连载十 [J].太空探索,2010(6),28-31.

[12] 邸乃庸.国际空间站是如何建成的? ——连载十一[J].太空探索,2010(9),32-35.

[13] 邸乃庸.国际空间站是如何建成的? ——连载十二[J].太空探索,2010(12),28-31.

[14] 邸乃庸.国际空间站是如何建成的? ——连载十三[J].太空探索,2011(3),38-41.

[15] 郁馨.苏联/俄罗斯航天器交会对接故障[J].国际太空,2011(5):23.

[16] 国际空间站的"曙光号"能源舱[J].航空知识,2002(3):6图片.

[17] 文野.一波三折"龙"飞天[J].航天员,2012(3):18-19.

[18] 顾逸东.探秘太空——浅析空间资源开发与利用 [M].北京：中国宇航出版社,2010:24.

后　记

　　2003年10月，中国航天员杨利伟乘坐中国研制的神舟5号飞船由中国研制的长征2号F运载火箭送入太空，随后，安全返回地面，中华民族的千年飞天梦变成了现实，向世界展示了中国人的智慧和力量。之后，我国又实现了神舟6号飞船的多人多天飞行和神舟7号航天员的舱外活动，实现了神舟号飞船与天宫1号目标飞行器的空间交会对接。未来，我国将实施空间站等更为复杂和艰巨的载人航天工程，为我国和人类和平开发和利用空间资源做出更大的贡献。

　　随着载人航天技术的发展，公众和媒体对国内外载人航天器的知识和技术产生了浓厚的兴趣。本书主要介绍了世界著名载人航天器的相关知识和科学技术；同时详细介绍了中国神舟号载人飞船及天宫1号目标飞行器的知识和科学技术，其中包括本书著者亲历的史实和趣闻。

　　北京空间机电研究所的各级领导对本书的编写给予了大力的支持，北京空间机电研究所黄伟研究员审阅了本书书稿，并提出了宝贵的修改意见；在本书编写过程中李红梅女士和李向东先生为本书收集了大量的资料，并参与了制图工作，在此，对他们表示衷心的感谢。

　　本书若有错误和不妥之处，敬请读者批评指正。

著　者

2015年12月16日